Asakura
Mathematical Library
朝倉数学ライブラリー

SL(2, R)の表現論
Representation Theory of SL(2, R)

落合啓之 =著

朝倉書店

まえがき

　この本は $SL(2,\mathbb{R})$ の既約ユニタリ表現の分類や指標公式の解説を通じて，表現論の考え方や技法を伝えることを目的としている．この「まえがき」に現れる詳しい言葉の定義は本文に委ねることにするが，どんな話をしたいのかを大雑把に説明してみよう．

　まず，$SL(2,\mathbb{R})$ とは

$$SL(2,\mathbb{R}) = \left\{ g = \begin{pmatrix} a & b \\ c & d \end{pmatrix} \middle| a,b,c,d \in \mathbb{R}, \ ad - bc = 1 \right\}$$

と定義されるもので，この式自体は決して難しくはない．これは自然に群であり多様体であり，すなわち，リー群と呼ばれるものの典型例である．$SL(2,\mathbb{R})$ の既約ユニタリ表現はこの本の第 4 章で述べるように分類されていて，それは，主系列表現，補系列表現，離散系列表現，離散系列表現の極限，単位表現といういくつかの系列に分かれる．そして，それぞれの系列は関数空間での実現も技巧的で，全体としての統一感がない．なぜ，このように性質や定義が異なったものが雑多に入っているのだろうか，という素朴な疑問が本書の執筆の動機である．

　$SL(2,\mathbb{R})$ というリー群は上半平面に推移的に作用し，種数が 2 以上のコンパクトリーマン面を $SL(2,\mathbb{R})$ の両側剰余類空間として実現したり，複素関数論からなるハーディ空間を $SL(2,\mathbb{R})$ の表現空間と理解したり，整数論の一分野である保形形式を $SL(2,\mathbb{R})$ を通じて保形表現と関連づけたりといった他分野への貢献も大きい．一方で，$SL(2,\mathbb{R})$ は階数が 1 の非コンパクトな半単純リー群である．逆に階数が 1 の非コンパクト半単純リー群は事実上これしかないので，半単純リー群の表現論を学習しようとすれば，最小の事例が $SL(2,\mathbb{R})$ である．また $SL(2,\mathbb{R})$ は $SO(1,2)$ と局所同型，$Sp(2,\mathbb{R})$ と同型なので，$SL(2,\mathbb{R})$ の A 型的な側面だけでなく，$SO(1,2)$ の B 型的な側面や $Sp(2,\mathbb{R})$ の C 型的な側面も議論の片鱗に現れる．また，より詳しく AI 型の $SL(2,\mathbb{R})$ と AIII 型の $SU(1,1)$

が同型であることも積極的に活用する．解説しがいのある点である．本書では行列に関する記号を用いて計算していくが，$SL(2, \mathbb{R})$ に限ると，特別であるがゆえに導入した行列の意味をとることが難しくなる場合がある．したがって，階数の高い半単純リー群はこの本では扱わないものの，階数の高い半単純リー群を扱う際の標準的な記号，例えば岩澤分解 KAN などは積極的に用いた．

　少数の箇所ではあるが，従来の本で与えられている説明を意図的に変更した点もある．多くの本では，ユニタリ表現を実現する内積をある種の積分で天下り式に導入している．あるいは，代数的な枠組みで直交基底に対する内積の値を導くことも既存の文献にある．ここではその代数的な内積値から積分の核関数の形が決定できることを補題 4.5.8 や補題 4.5.12 を用意することによって示した．この議論によって，一階の斉次線形常微分方程式によって核関数が特徴づけできることがわかる．このように，微分方程式で特徴づけられる特殊関数の役割を強調した記述をした．

　また，積分値はしばしばガンマ関数を用いて表示できるが，ベータ関数で事足りる場合はベータ関数を用いた表示も積極的に用いるように心掛けた．それぞれ良い点があり，ガンマ関数の方が表示が標準的になってどの表示とどの表示が同じになるかが見やすい一方で，ガンマ関数の方が特殊関数として高級なので，よりやさしいベータ関数で表示することにも意味があると考えられる．

　リー群とリー環も，それぞれ扱いやすさやわかりやすさに差がある．定義は群の方がやさしく直感的であり，リー環の公理はそれに比べると複雑にみえる．一方でリー環は線形空間であり，線形代数のさまざまな技術や概念，例えば，固有値，固有空間，核や像といったものを有効に用いることができる．また，複数の線形写像を組み合わせることによって，当たり前でない主張を次々と導くことができる．この時に鍵となる概念が可換性である．一方で，群が作用する空間は群を用いて調べることが有効な手段である．特に，等質空間は作用する群と固定部分群で完全に統制できている．群作用の軌道が等質空間の典型例である．変数分離の基本的なアイディアはここにある．さらにリー群とリー環は指数写像で互いに密接に関係しているため，片方での知見をもう一方に移すことが可能である．例えば，ユニタリ表現の指標はリー群の上の超関数であるが，指数写像を有効に活用することでリー環の上の超関数とみなすこともでき，それによって，波面集合のような解析的な不変量を取り出すこともできる．

本書の構成

第1章では，議論の土台となるリー群や，リー群の線形近似であるリー環に関する事項をまとめた．SL_2 に特化した話題もあれば，一般の群でも通用する話題もある．それはできるだけその都度言及した．

第2章は，必ずしもリー群の接空間として定義されるのではない，一般のリー環の定義と基本性質をまとめた．SL_2 を主たるターゲットとすることからルート系に関する詳細な議論はほぼ省略し，その代わりに普遍包絡環を早めに導入して微分作用素環との関連づけを解説した．ここまでがいわば土台の話題である．

第3章からは，いよいよ，表現に関すること，すなわち，リー環の加群やリー群上の関数空間を扱う．特に第3章ではウエイト加群の特別な構造を解説した．ある種の整数性や既約性などいかにも $\mathfrak{sl}_2$ らしい議論の典型である．そして，標準表現を定義してその既約性や可約な場合の分解の様子を述べる．

第4章はユニタリ表現を扱う．歴史的にも表現論を推進してきたユニタリという概念は調和解析（フーリエ解析）などとも密接に関連している．ここでは第3章後半の標準表現に対して，ユニタリ性の代数的な取り扱いを行う．既約ユニタリ表現がいくつかの特徴的なクラスに分かれていることがわかっており，それらは系列（series）と呼ばれている．系列ごとに特徴的な事象について第4章の後半で述べる．

第4章で分類した既約ユニタリ表現のそれぞれに対して，第5章で指標公式を与える．指標とは直感的には表現行列のトレースであるが，無限次元表現の場合には指標の定義自体も単なるトレースよりは込み入ったものになる．また，具体的に指標を書き下すためには，第4章後半で行った個別議論に立ち入る必要がある．しかし，結果はとても美しく，指標公式の一般的な形は表現の系列にはよらない共通の構造もみえる．このことを紹介して本論を終える．

付録では，本論に関連する話題を取り上げた．付録や**寄り道**には，言ってみたかったちょっとしたことを書いた．

2024年9月

落合啓之

記　　　号

第 1 章

- $SL(2, \mathbb{R})$：2 次特殊直交群．$SL_2(\mathbb{R})$ や $\mathrm{SL}_2(\mathbb{R})$ と書くこともある．
- $k_\theta \in K$, $a_t \in A$, $n_x \in N$, $\overline{n}_y \in \overline{N}$：1 径数部分群に属する行列．
- Z：中心．
- $M = Z_K(A)$：$SL(2)$ の場合は $M = Z$ となる．
- M_2：2 次の行列環．文献によっては最近は Mat_2 と書かれている．
- I_2：2 次の単位行列．n 次の単位行列は I_n．E_n と書く流儀あり．
- $\mathfrak{sl}_2$：$SL(2)$ のリー環．$\mathfrak{sl}(2)$ と書くこともある．
- $N, \overline{N} = N^-$：冪単根基（unipotent radical）．
- $w = k_{\pi/2}$：ワイル群の生成元．
- $P = MAN$：放物型部分群のラングランズ分解．
- $\exp$：指数写像．行列の場合もスカラーの場合も共通の記号．
- J, H, E_{12}：特定の行列の記号．
- G'：証明中の暫定的な記号．LU 分解，ユニタリ内積の箇所．
- $\mathrm{Ad}(g)$：随伴作用，随伴表現．
- $G_x = \mathrm{Stab}_G(x)$：固定部分群．
- Gx, $[g]$, $\mathcal{O}_G(x)$：軌道．同じものを異なる記号で書くことがある．
- $GL(2, \mathbb{C})$：一般線形群．$GL_2(\mathbb{C})$ や $\mathrm{GL}_2(\mathbb{C})$ と書くこともある．
- $\mathbb{P}^1(\mathbb{C}) \ni \infty$：射影直線とその上の無限遠点．
- Tr：正方行列のトレース．小文字で tr と書くこともある．
- $M_2^{\mathrm{hyp}}, M_2^{\mathrm{ell}}, M_2^{\mathrm{par}}$：双曲，楕円，放物元の全体．この本での記号．
- $G^{\mathrm{hyp}}, G^{\mathrm{ell}}, G^{\mathrm{par}}$：群 G の双曲，楕円，放物元の全体．
- $O(1,2), SO(1,2), SO_0(1,2)$：符号数 $(1,2)$ の不定値直交群．
- $\mathrm{diag}(1,1,-1)$：対角行列．
- g_{12}：行列 g の第 $(1,2)$ 成分．
- E_{12}：行列単位．$(1,2)$ 成分のみ 1 で，他の成分が 0 の行列．

記　　号 | v

- $\tau : SL(2,\mathbb{R}) \to SO_0(1,2)$ 局所同型写像.
- $n_1 : n_x$ で $x=1$ としたもの.
- ε：二重数（dual number）.
- $\mathfrak{sl}_2(\mathbb{R})$：$SL(2,\mathbb{R})$ のリー環.
- $\mathfrak{k}, \mathfrak{a}, \mathfrak{n}, \overline{\mathfrak{n}}$：リー環．標準的な記号.
- PSL, PGL, GL^+：射影特殊線形群，射影一般線形群，連結成分.
- $SU(1,1), SU(2)$：特殊ユニタリ群.
- c：ケーリー変換.
- End：線形変換全体のなす結合代数.

第2章

- $\mathfrak{sl}_n$：n 次特殊線形群のリー環.
- h, e^+, e^-：標準的三つ組．この記号は文献によって異なる.
- $f(h)$：h の多項式.
- ad：リー環の随伴表現.
- B：キリング形式．これも標準的な記号.
- C：カシミール元.

第3章

- $V_\lambda, \overline{V_\lambda}$：固有空間，一般固有空間.
- $V[\lambda_0]$：一般固有空間を mod 2 で移れるウエイトでまとめたもの.
- v_λ：ウエイトベクトル.
- $\text{End}_{\mathfrak{g}}(V)$：自己準同型環.
- W^+, W^-：標準表現の部分表現.

第1章

- $\langle \cdot, \cdot \rangle$：エルミート内積.
- $\|\cdot\|$：長さ.
- sgn, $\pi_{\pm,\nu}$：符号.
- $W_{\pm,\nu}$：主系列表現.

vi | 記　号

記号の重なりや同じものの異なった表記

- 恒等写像：I, Id, id, id_V など状況に応じてさまざまに書く.
- 単位行列：I, I_n, I_2. サイズを明記する場合と省略する場合がある.
- 転置行列：(1.1) では $\{\ \}^t g$, A1.5 節では V^T を用いている.
- 表現：ρ, U, π.
- I：表現 V のウエイトの集合（第 3 章）．一方で恒等写像にも用いている.
- A：カルタン部分群（第 1 章など），一般の環や結合代数（第 2 章など）.
- $U(p,q)$：不定値ユニタリ群，特に $U(1,1)$. 標準表現 $U(\nu_+, \nu_-)$（第 3 章）.
- 一般のユニタリ表現 $U(g)$. 普遍包絡環 $U(\mathfrak{g}), U(\mathfrak{sl}_2)$.
- W：一般の表現 V の部分表現，ワイル群.
- Im：写像の像 $\mathrm{Im}(f)$, 複素数の虚部 $\mathrm{Im}(z)$. 括弧を省略して $\mathrm{Im}\, z$ とも書く.
- K：極大コンパクト部分群（第 1 章など），核関数（第 4 章 寄り道 4.5.9）.

目　　次

1. **リー群** $SL(2,\mathbb{R})$ 1

　1.1　群 $SL(2,\mathbb{R})$ 1

　1.2　部　分　群 2

　　1.2.1　名前のついた部分群 2

　　1.2.2　指　数　写　像 6

　　1.2.3　群　の　分　解 7

　1.3　随　伴　軌　道 9

　　1.3.1　作　　　　用 9

　　1.3.2　不定値直交群 15

　1.4　リー群とリー環 22

　　1.4.1　接空間と二重数 22

　　1.4.2　指　数　写　像 24

　1.5　関連するリー群 26

　　1.5.1　複　　素　　化 26

　　1.5.2　ケーリー変換と不定値ユニタリ群 26

　　1.5.3　コンパクト双対 28

　　1.5.4　一般線形群 28

　　1.5.5　局　所　同　型 29

2. **リー環** $\mathfrak{sl}_2$ 32

　2.1　リー環の定義と基底 32

　2.2　普遍包絡環 34

　2.3　随　伴　表　現 37

　2.4　表　　　　　現 40

　2.5　微　分　表　現 43

viii 目 次

3. 既約ウエイト加群の分類 · 45

3.1 ウエイト加群の構造 · 45

3.2 標 準 表 現 · 51

3.3 最高ウエイト表現 · 62

4. ユニタリ内積の決定 · 67

4.1 不変な内積 · 67

4.2 主系列表現と補系列表現 · 70

4.3 普遍被覆群のユニタリ表現 · 73

4.4 ユニタリ最高ウエイト表現（離散系列表現）の分類 · · · · · · · · · · · 75

4.5 既約ユニタリ表現の不変内積 · 77

4.5.1 主系列表現 · 77

4.5.2 補系列表現 · 81

4.5.3 離散系列表現とその極限 · 85

4.6 積 分 公 式 · 90

5. 既約ユニタリ表現の指標 · 99

5.1 位相線形空間 · 99

5.2 表現のトレース · 100

5.3 平行移動原理 · 103

5.4 主系列表現の指標 · 108

5.4.1 核関数によるトレースの計算 · 108

5.4.2 被覆群の表現の指標公式 · 111

5.5 離散系列表現 · 113

5.5.1 対称性のまとめ · 113

5.5.2 離散系列表現の直和の指標公式 · 114

5.5.3 既約な離散系列表現の指標公式 · 114

5.6 貼り合わせ公式 · 117

目　　次 | ix

付録1　行　　列 ··· 120
A1.1　内包的記法と外延的記法 ························· 120
A1.2　3次元回転行列の有理式表示 ····················· 121
A1.3　行列の指数関数 ································· 122
A1.4　3次元相似変換群のリー群とリー環の対応 ··············· 125
A1.5　特異値分解 ···································· 130

付録2　群 ·· 134
A2.1　群の定義と例 ································· 134
A2.2　群　の　中　心 ································· 136
A2.3　極大コンパクト部分群 K ······················ 138
A2.4　群の自己同型と内部自己同型群 ····················· 139
A2.5　半　直　積　群 ································· 140
A2.6　$\mathbb{R}$ の1次元ユニタリ表現 ··················· 141
A2.7　有限アーベル群の表現 ·························· 144

付録3　双線形形式・多項式 ··························· 147
A3.1　距離からの内積の復元 ·························· 147
A3.2　長さからのエルミート内積の復元 ··················· 148
A3.3　$SL(2,\mathbb{R})$ が多様体であることの説明 ············· 149
A3.4　中国式剰余定理 ································ 150
A3.5　リー環の定義 ································· 151
A3.6　普遍包絡環の中心の記述 ························ 154

文　　　献 ··· 155

あとがき：本を書き終えて ························· 157

索　　　引 ··· 159

1 | リー群 $SL(2,\mathbb{R})$

この本では，リー群 $SL(2,\mathbb{R})$ の表現やその指標を扱う．それらは概ね $SL(2,\mathbb{R})$ 上の関数を扱うことになる．この章では準備として，まず，土台となる $SL(2,\mathbb{R})$ に関して議論する．群としての性質，多様体としての性質など，内容は多岐にわたる．

1.1 群 $SL(2,\mathbb{R})$

まず，$SL(2,\mathbb{R})$ を定義し，それが群であり，かつ，多様体であることに触れる．

$$SL(2,\mathbb{R}) = \left\{ g = \begin{pmatrix} a & b \\ c & d \end{pmatrix} \middle| a,b,c,d \in \mathbb{R},\ ad - bc = 1 \right\}$$

と定義する．これを**特殊線形群**（special linear group）という．行列の自然な積に関して，$g,h \in SL(2,\mathbb{R})$ ならば $gh, g^{-1} \in SL(2,\mathbb{R})$ となっている．言い換えると $SL(2,\mathbb{R})$ は群である．群の定義などを復習したい場合は A2.1 節を見てほしい．

$a \neq 0$ の範囲では，$d = (1+bc)/a$ と解くことができるので，行列 g は (a,b,c) を局所座標に用いて表示することができる．$b \neq 0$ や $c \neq 0, d \neq 0$ などでも同様に三つのパラメータで表示できる．このことは $SL(2,\mathbb{R})$ が 3 次元の**多様体**であることを意味している．同じ点を表すのに書き表し方がいろいろあることは，利点でもあり弱点でもある．多様体の正式な定義はこの本では与えないが，適当な局所座標を用いて今後計算していくことで多様体概念にも慣れていくことにしよう．多様体構造については A3.3 節に補足した．

$SL(2,\mathbb{R})$ のように群であるような多様体を**リー群**と呼ぶ．一般のリー群の正

2 │ 1. リー群 $SL(2, \mathbb{R})$

確な定義には少なからず準備が必要であり，この本ではそれには触れず，主に
行列の空間の部分群を扱う．

1.2 部 分 群

後の章で用いられる主要な部分群をいくつか定義し，その性質を調べる．性
質のいくつかはこの章の終わりの表 1.1 にまとめた．

1.2.1 名前のついた部分群

K, A, N, M, P, Z, など，以下の節で頻繁に登場する $SL(2, \mathbb{R})$ の部分群を
定義し，その性質を順次述べていく．以下，$G = SL(2, \mathbb{R})$ とする．まず，一
つ目は，

$$K = SO(2) := \left\{ g \in G \mid {}^t g g = I_2 \right\} \tag{1.1}$$

$$= \left\{ \begin{pmatrix} c & -s \\ s & c \end{pmatrix} \middle| c, s \in \mathbb{R}, \ c^2 + s^2 = 1 \right\} \tag{1.2}$$

$$= \left\{ k_\theta = \begin{pmatrix} \cos\theta & -\sin\theta \\ \sin\theta & \cos\theta \end{pmatrix} \middle| \theta \in \mathbb{R} \right\}. \tag{1.3}$$

(1.1) と (1.2) との一致は，寄り道 1.5.2 で解説する．(1.2) の表示より K は位
相空間として円周 S^1 と同相であり，連結でコンパクトである．また，(1.3) の
表示より，K は群として $\mathbb{R}/2\pi\mathbb{Z}$ と同型であり，可換である．K は**極大コンパ
クト部分群**と呼ばれる．極大性の証明は A2.3 節で与える．

次に，G に属する対角行列のうち，対角成分が正のもの全体を A とする．す
なわち，

$$A = \left\{ \begin{pmatrix} a & 0 \\ 0 & 1/a \end{pmatrix} \middle| a > 0 \right\}$$

と定義する．A は位相空間として $(0, \infty)$ と同相であり，連結で，非コンパク
トである．また，群として乗法群 $\mathbb{R}_{>0}$ と同型（例 A2.1.5）であり，可換であ
る．A は**岩澤部分群**，または**分裂トーラス**などと呼ばれる．

ここで一旦，行列式が 1 であるという条件を外して行列全体を考える．2 次正方行列の全体を $M_2 = M_2(\mathbb{R})$ と書く．$M(2, \mathbb{R}), \mathrm{Mat}_2$ という記号もしばしば使われる．M_2 は足し算と掛け算とスカラー倍ができる，すなわち，ベクトル空間であり環である．結合代数と呼ばれるものである．2 次対角行列の全体を Diag_2 と書く（この記号は一般的ではない）．この時，直接計算で次の補題を確かめることができる．

補題 1.2.1 $X \in \mathrm{Diag}_2$ をスカラー行列ではない行列とする．$Y \in M_2$ が $XY = YX$ を満たす時，$Y \in \mathrm{Diag}_2$ である．

一般に
$$Z_{M_2}(X) = \{Y \in M_2 \mid XY = YX\}$$
と定義し，M_2 における X の**中心化環**と呼ぶ．上の補題から $X \in \mathrm{Diag}_2 \setminus \mathbb{C}I_2$ ならば $Z_{M_2}(X) = \mathrm{Diag}_2$ が示せる．また，部分集合 $S \subset M_2$ に対して，
$$Z_{M_2} = \{Y \in Z_{M_2} \mid \text{全ての } X \in S \text{ に対して } XY = YX\}$$
と定義すると，$Z_{M_2}(\mathrm{Diag}_2) = \mathrm{Diag}_2$ である．

以上の準備のもとで，K と A から定まる部分群 M を定義する．
$$M = Z_K(A) = \{g \in K \mid ga = ag, \ \forall a \in A\} = Z_{M_2}(A) \cap K$$
と定義する．M の呼び名は特に定まっていない．補題 1.2.1 のように計算すると，
$$M = \mathrm{Diag}_2 \cap K = \{I_2, -I_2\}$$
となる．したがって，M は位相空間として 2 点からなる集合と同相であり，コンパクトであり，連結でない．また群として加法群 $\mathbb{Z}/2\mathbb{Z} = \{\overline{0}, \overline{1}\}$ や乗法群 $\{1, -1\}$ と同型であり，位数 2 の可換群である．ここで $\overline{0}, \overline{1}$ は整数を 2 を法として考えた完全代表系である．

M と A の元の積からなる集合
$$MA = \left\{ \begin{pmatrix} a & 0 \\ 0 & 1/a \end{pmatrix} \ \middle| \ a \neq 0 \right\}$$
は，$M \cap A = \{I_2\}$ なので M と A の直積集合でもあり，直積群である．第 1

4 | 1. リー群 $SL(2, \mathbb{R})$

成分をみると MA は位相空間として $\mathbb{R}^{\times}$ と同相であり，非連結，非コンパクトである．また，群として乗法群 $\mathbb{R}^{\times}$ と同型であり，可換群である．

群 $G = SL(2, \mathbb{R})$ は非可換である．可換でない度合いを測定するためにいくつかの概念を導入しよう．

定義 1.2.2 $Z := Z_G(G)$ を G の**中心**と呼ぶ（用語は A2.2 節を参照）．

一般に $Z \subset M$ であるが，$G = SL(2, \mathbb{R})$ の場合は $M = \{I_2, -I_2\} \subset Z$ なので $Z = M$ である．これは $SL(2, \mathbb{R})$ が分裂（split）型であることの反映である．

寄り道 1.2.3（中心） 中心は英語で center だがドイツ語で Zentrum であることから歴史的に Z を用いて書かれることが多い．C はカシミール元，連続関数，共役類など混雑しているアルファベットであることも影響している．

ここで，ある元の中心化群と中心を決定しておこう．

補題 1.2.4 (1) 任意の $g \in MA \setminus M$ に対して，$Z_G(g) = MA$.
  (2) 任意の $k \in K \setminus M$ に対して，$Z_G(k) = K$.
  (3) 任意の $z \in M = Z$ に対して $Z_G(z) = G$.

証明 いずれも行列の成分計算で簡単に確かめられるが，ここでは補題 A2.2.2 を用いた証明を与える．

  (1) $g \in MA \setminus M$ に対して，$Z_G(g) = G \cap Z_{M_2}(g) = G \cap \{c_1 g + c_2 I_2 \mid c_1, c_2 \in \mathbb{R}\} = MA$ である．

  (2) $k \in K \setminus M$ に対して，$Z_G(k) = G \cap \{c_1 k + c_2 I_2 \mid c_1, c_2 \in \mathbb{R}\} = K$ である．$Z_G(K) \subset Z_G(g) \cap Z_G(k) = MA \cap K = M$ となる． $\square$

ここまで対角化可能な行列を扱ってきたが，次に，対角化できない行列を扱う．

$$N := \left\{ \begin{pmatrix} 1 & x \\ 0 & 1 \end{pmatrix} \,\middle|\, x \in \mathbb{R} \right\}$$

と定める．N は冪零（nilpotent）からの命名である．N は位相空間として $\mathbb{R}$ と同相であり，連結で，非コンパクトである．群としては加法群 $\mathbb{R}$ と同型であり，可換である．N を転置させた

$$\overline{N} := \left\{ \begin{pmatrix} 1 & 0 \\ x & 1 \end{pmatrix} \,\middle|\, x \in \mathbb{R} \right\}$$

も同様の性質をもつ.

$$w = \begin{pmatrix} 0 & -1 \\ 1 & 0 \end{pmatrix} = k_{\pi/2}$$

と定めると，$wNw^{-1} = \overline{N}$ であり，N と $\overline{N}$ を共役作用（1.3.1 項）を用いて関係づけることもできる．なお，M や A は w による共役で保たれる，すなわち，$wMw^{-1} = M, wAw^{-1} = A$ である.

寄り道 1.2.5（**冪零**）　コンパクトリー群の元は複素数体 $\mathbb{C}$ 上で対角化可能である．一方で，N の単位行列以外の元は対角化可能でない．$G = SL(2, \mathbb{R})$ は半単純リー群と呼ばれる群であり，ほとんどの元は対角化可能であるが，対角化可能でない元ももっていることが著しい.

なお，N の元は固有値 1 のみをもつので，冪単（unipotent）元である．何乗かすると零行列になる行列を冪零行列と呼ぶが，N の元は正則行列なので，冪零行列ではない．すなわち用語とアルファベットが対応はしていない．ただし，習慣的に N をアルファベット U で書くことは通常しない．しかし，ルート空間に対応する冪単部分群を代数群の文脈で U_α と書くことはある.

ここまで可換な部分群のみが登場したが，ここから非可換な部分群も扱う.

$$P := MAN = \left\{ \begin{pmatrix} a & b \\ 0 & d \end{pmatrix} \in G \right\}$$

と定める．P を **放物型**（parabolic）部分群と呼ぶ．P は可換群ではない．実際，

$$\begin{pmatrix} a & 0 \\ 0 & 1/a \end{pmatrix} \begin{pmatrix} 1 & x \\ 0 & 1 \end{pmatrix} \begin{pmatrix} a & 0 \\ 0 & 1/a \end{pmatrix}^{-1} = \begin{pmatrix} 1 & a^2 x \\ 0 & 1 \end{pmatrix} \tag{1.4}$$

であるから，$a \neq \pm 1, x \neq 0$ の場合は，$\begin{pmatrix} a & 0 \\ 0 & 1/a \end{pmatrix}$ と $\begin{pmatrix} 1 & x \\ 0 & 1 \end{pmatrix}$ は非可換である．この関係式はのちにルート系を論ずる時に再び登場する．P は位相空間として二つの連結成分をもつ．単位元連結成分は AN である．コンパクトでない.

6 | 1. リー群 $SL(2, \mathbb{R})$

1.2.2 指 数 写 像

次に指数写像を定義し，いくつかの性質を述べる．特に，指数写像によって上記の部分群やその元を具体的に表す．正方行列 X に対して，

$$\exp(X) = \sum_{n=0}^{\infty} \frac{1}{n!} X^n = I + X + \frac{1}{2} X^2 + \frac{1}{3!} X^3 + \cdots$$

によって**指数写像**を定義する．行列を成分とするこの無限級数はどんな X に対しても収束する．収束は広義一様絶対収束でもある．

寄り道 1.2.6（行列の指数関数）　行列の指数関数に対してはさまざまな性質が知られていて（[12],[22]），計算の公式としても面白いし，理論上も応用上も重要であるが，きりがないので以下の具体例を知っておく程度で先に進もう．

具体的な行列に対する指数関数は次のようになる．

補題 1.2.7

$$\exp(xE_{12}) = \exp \begin{pmatrix} 0 & x \\ 0 & 0 \end{pmatrix} = \begin{pmatrix} 1 & x \\ 0 & 1 \end{pmatrix} = n_x,$$

$$\exp(tH) = \exp \begin{pmatrix} t & 0 \\ 0 & -t \end{pmatrix} = \begin{pmatrix} e^t & 0 \\ 0 & e^{-t} \end{pmatrix} = a_t,$$

$$\exp(\theta J) = \exp \begin{pmatrix} 0 & -\theta \\ \theta & 0 \end{pmatrix} = \begin{pmatrix} \cos\theta & -\sin\theta \\ \sin\theta & \cos\theta \end{pmatrix} = k_\theta,$$

$$\exp \begin{pmatrix} a & b \\ 0 & d \end{pmatrix} = \begin{pmatrix} e^a & \frac{e^a - e^d}{a - d} b \\ 0 & e^d \end{pmatrix}.$$

いずれも行列の冪乗 X^n の具体形を計算することで証明できる．証明は A1.3 節で与える．

このように，具体的な行列の指数関数の計算では無限和ではなく適切な特殊関数を用いて有限の範囲で表示可能であることが多い．また，

$$\exp : \mathbb{R}/2\pi\mathbb{Z} \ni \theta \mapsto k_\theta \in K,$$

$$\exp : \mathbb{R} \ni t \mapsto a_t \in A$$

は同相写像である．なお，一般に指数写像は連続写像であり，連結集合の指数写像による像は連結になる．

1.2.3 群 の 分 解

大きな群や非可換な群の元を小さな部分群や可換な部分群の積に分解する技法をいくつか紹介する．まず，(1.4) から導かれる内容を述べ直す．

補題 1.2.8 放物型部分群 P の元は MA と N の元の積に表すことができる．積の順序を入れ替えた時の関係は

$$P \ni \begin{pmatrix} a & b \\ 0 & 1/a \end{pmatrix} = \begin{pmatrix} a & 0 \\ 0 & 1/a \end{pmatrix} \begin{pmatrix} 1 & b/a \\ 0 & 1 \end{pmatrix} \in MA \times N$$

$$= \begin{pmatrix} 1 & ab \\ 0 & 1 \end{pmatrix} \begin{pmatrix} a & 0 \\ 0 & 1/a \end{pmatrix} \in N \times MA$$

という全単射で表される．N の部分に変更があるが MA の部分に変更がないことは**半直積群**（A2.5 節）の構造の反映である．

これを放物型部分群のラングランズ分解といい，$P = MAN$ と書く．

補題 1.2.9 次の写像は全単射である．

(1) $K \times A \times N \ni (k, a, n) \mapsto kan \in G$.

(2) $K \times N \times A \ni (k, n, a) \mapsto kan \in G$.

(3) $A \times N \times K \ni (a, n, k) \mapsto ank \in G$.

(4) $N \times A \times K \ni (n, a, k) \mapsto ank \in G$.

証明 次節の例 1.3.9 で (3) を証明する．A は N を正規化するので (3) が成り立てば (4) が成り立つ．(3) が成り立てば，転置をとれば (2) が成り立ち，(4) が成り立てば，転置をとれば (1) が成り立つ． □

これらをいずれも**岩澤分解**と呼ぶ．$G = KAN$ などと略記されることもしばしばある．これは**第 1 種標準座標系**の一つの例にもなっている．一般に標準座標系は原点の付近では全単射を与えるが，全体では全単射となることを要請しない．岩澤分解のように全単射を与える事例は少なく，やや珍しい．

なお，これらの写像 (1), (2), (3), (4) はどれも群準同型ではない．

8 **|** 1. リー群 $SL(2, \mathbb{R})$

寄り道 1.2.10（直積群と直積集合）　つまり，$G = KAN$ と書かれることがしばしばあるものの，G は直積群 $K \times A \times N$ と同型ではない．群の直積集合が自然に群になってしまうため，何としての同型を考えているのかを正しく認識する必要がある．

　次に三角分解を与える．行列を上三角行列，対角行列，下三角行列の3種類の行列に分けることから命名されている．この3種類の行列の和に一意的に表すことができるのは当たり前であるが，積に表すことができることが自明でないポイントである．

補題 1.2.11　(1) $N^- \times P \ni (\overline{n}, p) \mapsto \overline{n}p \in G$ は単射であり，像は G の中で稠密な真部分集合である．

(2) $N^- \times MA \times N \ni (\overline{n}, ma, n) \mapsto \overline{n}man \in G$ は単射であり，像は G の中で稠密な真部分集合である．

　これを **LU 分解**や**三角分解**と呼ぶ．この写像は群準同型ではない．

証明　写像 (2) の像は具体的に

$$G' = \left\{ g = \begin{pmatrix} a & b \\ c & d \end{pmatrix} \,\middle|\, a \neq 0 \right\}$$

と書ける集合であることも合わせて証明する．実際，(2) の写像は，積の関係式

$$\overline{n}_y \begin{pmatrix} a & 0 \\ 0 & a^{-1} \end{pmatrix} n_x = \begin{pmatrix} a & ax \\ ya & yax + a^{-1} \end{pmatrix}$$

で与えられるので，像がこの集合 G' に入ることがわかる．逆に G' への全射であることは逆写像を構成することで示す．$g \in G'$，すなわち $a \neq 0$ の時，$b = ax$，$c = ya$ によって $x, y \in \mathbb{R}$ を定め，$h = \overline{n}_{-y} g n_{-x}$ と定める．この時，h の非対角成分を計算すると h は対角行列である，すなわち $h \in MA$ であることが確かめられる．また，積の表示から単射であることもわかる．　　　□

1.3 随 伴 軌 道

まず，群の作用に関する一般論を紹介した後，この本の主目標である指標表の片側のコラムにあたる軌道分解を述べる．

1.3.1 作　　用

群 G の元 g に対して，写像

$$G \ni h \mapsto ghg^{-1} \in G \tag{1.5}$$

を**共役作用**と呼び $\mathrm{Ad}(g)$ と書く．この写像 $\mathrm{Ad}(g)$ は群 G の自己同型写像である（用語の定義は定義 A2.1.5 を参照）．$\mathrm{Ad}(g)$ のように書ける自己同型写像を**内部自己同型**と呼ぶ．例えば，前の節に出てきた記号は

$$Z_K(A) = \{g \in K \mid \mathrm{Ad}(g)a = a, \forall a \in A\}$$

と書ける．

一般に，群 G が集合 X に作用することを定義する．

定義 1.3.1 群 G と集合 X に対して，写像 $G \times X \to X$ が与えられて $(g_1 g_2)x = g_1(g_2 x)$ かつ $1x = x$ を満たす時，G は X に**作用**するという．この時 X を G **空間**とも呼ぶ．

寄り道 1.3.2（作用の記号）作用を表す際に $m : G \times X \to X$ を用いて，$m(g, x)$ と表すこともあれば，$\mu : G \to \mathrm{Aut}(X)$ を用いて，$\mu(g)(x)$ と表すこともある．さらに括弧を省略して

$$m(g, x) = \mu(g)(x) = \mu(g)x = g.x = gx$$

などと略記されることもしばしばある．ここでは最も略記した記号を用いた．

定義 1.3.3 (1) X, Y が G 空間である時，写像 $\phi : X \to Y$ が G **同変写像**であるとは $\phi(gx) = g\phi(x)$ が全ての $g \in G, x \in X$ について成り立つことと定める．

(2) G が X に作用する時，$x \in X$ に対して $Gx = \mathcal{O}_G(x) := \{gx \mid g \in G\}$ を x を通る**軌道**という．軌道は X の空でない部分集合である．

10 | 1. リー群 $SL(2, \mathbb{R})$

(3) G が x に作用する時, $G_x = \mathrm{Stab}_G(x) := \{g \in G \mid gx = x\}$ を x における**固定部分群**と呼ぶ.

(4) X が G の一つの軌道である時, X は G の**等質空間**であるといい, 作用が**推移的**であるという.

寄り道 1.3.4(等質空間) 同じ性質を 3 通りに言い換えている. 軌道はその集合に注目し, 等質空間は作用する群に注目し, 推移的は作用に注目しているニュアンスが入る.

例えば, 列ベクトルに左から行列をかけるのは作用である. 群においては, 左作用, 右作用, 共役作用を定義できる.

例 1.3.5 G を群とし, $X = G$ とする. 次の演算は作用となる.

(1) $(g, x) \mapsto x$.

(2) $(g, x) \mapsto gx$.

(3) $(g, x) \mapsto xg^{-1}$.

(4) $(g, x) \mapsto gxg^{-1}$.

なお, G が非可換群の時は $(g, x) \mapsto xg$ は作用にならない.

補題 1.3.6 G が X に作用する時, $x \in X$ に対して, $G/G_x \cong Gx$ という自然な同型が存在する. 写像は $[g] \mapsto gx$ で定める.

寄り道 1.3.7(固定部分群と軌道の記号) 記号 G_x と Gx は紛らわしい. G_x は G の部分群, Gx は X の部分集合であり, 異なるものである.

商集合は同値関係によって定義する. この同型は G の作用に関して共変である. 部分集合として与えられた軌道を商集合として理解できる点が著しい. また, 同じ軌道を異なる x を用いて表すことで, 異なる固定部分群 G_x になることから, 異なる等質空間に対応することも後で用いられる.

補題 1.3.8 群 G が X に作用しているとする. 部分群 H の X への作用が推移的であるとする. $x \in X$ を固定し, $K = G_x$ と書く. この時, $H \times K \ni (h, k) \mapsto hk \in G$ は全射である. さらに, H の X への作用が単純推移的であれば, その写像は全単射である.

例 1.3.9 一次分数変換を定義する. $G = GL(2,\mathbb{C})$, $X = \mathbb{P}^1(\mathbb{C}) = \mathbb{C} \cup \{\infty\}$ とする. $g = \begin{pmatrix} a & b \\ c & d \end{pmatrix} \in G$ の $z \in X$ への作用を

$$z \mapsto \frac{az+b}{cz+d}$$

によって定義することができる. それはつまり, $(gg')z = g(g'z)$ を確認することができるということを意味している. $GL(2,\mathbb{C})$ の $\mathbb{P}^1(\mathbb{C})$ への作用は推移的である. 部分群 $SL(2,\mathbb{R})$ の $\mathbb{P}^1(\mathbb{C})$ への作用は推移的ではなく, 三つの軌道に分かれる. 上半平面 $\{z \in \mathbb{C} \mid \mathrm{Im}(z) > 0\}$, 下半平面 $\{z \in \mathbb{C} \mid \mathrm{Im}(z) < 0\}$, 実射影直線 $\mathbb{P}^1(\mathbb{R}) = \mathbb{R} \cup \{\infty\}$ の三つである.

補題 1.3.10 (1) 上半平面に属する i や下半平面に属する $-i$ の固定部分群は K と一致する. すなわち

$$K = \{g \in G \mid gi = i\} = \{g \in K \mid g(-i) = -i\}.$$

(2) 実射影直線に属する ∞ の固定部分群は $P = MAN$ と一致する.

したがって, 上半平面や下半平面は等質空間として, ともに $SL(2,\mathbb{R})/K$ と同型である. 実射影直線は $SL(2,\mathbb{R})/P$ と同型である. これらの空間はそれぞれ, 離散系列表現や主系列表現が実現される空間として, 4.5 節で登場する.

補題 1.3.8 を $G = SL(2,\mathbb{R})$, X が上半空間, $x = i \in X$ の場合に適用すると, 岩澤分解 (補題 1.2.9(3)) の証明が得られる.

証明 (3) の積写像の逆写像を具体的に構成することで (3) を証明する.

$$(n_x a_t k_\theta)i = x + e^{2t}i$$

が成り立つ. そこで, $g \in G$ に対して, $gi = x + yi$ と書く. $y > 0$ であることを示すことができる. $t = \frac{1}{2}\log y$ と定義すると $n_x a_t i = x + yi = g$ がわかる. したがって, $h := (n_x a_t)^{-1} g$ と定めると, $hi = i$ となる. ここで補題 1.3.10 を用いれば $h \in K$ であるので, $g = n_x a_t h \in NAK$ と書くことができた. $\square$

特に共役作用に対する軌道を共役類と呼ぶ. $G = SL(2,\mathbb{R})$ の共役作用による軌道分解を与えよう. そのために, 軌道上の不変関数の定義を行う.

定義 1.3.11 G が X, Y に作用するとする.

(1) 写像 $f : X \to Y$ が G **共変**であるとは，$f(gx) = gf(x)$ が成り立つことと定義する.

(2) 特に $f : X \to \mathbb{R}$ が G 共変である時，f は X 上の G **不変な関数**であるという.

例 1.3.12 トレース $\mathrm{Tr} : SL(2, \mathbb{R}) \ni A \mapsto \mathrm{Tr}\, A \in \mathbb{R}$ は，共役作用に関して $SL(2, \mathbb{R})$ 上の不変な関数を与える.

不変な関数は軌道分解に役立つ. 一般に，写像 $f : X \to Y$ に対して，Y の一点の逆像を**ファイバー**と呼ぶ.

補題 1.3.13 (1) 不変関数のファイバーは群の作用で保たれる.

(2) 特に，ファイバーはいくつかの軌道の和集合である.

不変関数が十分にたくさんあれば，ファイバーが単一の**軌道**となることもある. $G = SL(2, \mathbb{R})$ の共役作用による軌道分解を記述するために，まず，トレースと行列式 $(\mathrm{Tr}, \det) : M_2 \to \mathbb{R}^2$ のファイバーを記述し，その後，ファイバーの軌道分解を考察する. 行列 $g \in M_2$ の固有多項式

$$\det(xI - g) = x^2 - \mathrm{Tr}(g)x + \det(g)$$

の判別式 $\mathrm{Tr}(g)^2 - 4\det(g)$ を動機として次のような記号を定義する.

定義 1.3.14

$$M_2^{\mathrm{hyp}} := \{g \in M_2 \mid (\mathrm{Tr}(g)/2)^2 - \det(g) > 0\},$$
$$M_2^{\mathrm{ell}} := \{g \in M_2 \mid (\mathrm{Tr}(g)/2)^2 - \det(g) < 0\},$$
$$M_2^{\mathrm{par}} := \{g \in M_2 \mid (\mathrm{Tr}(g)/2)^2 - \det(g) = 0\}$$

と定義する.

補題 1.3.15 $g = \begin{pmatrix} a & b \\ c & d \end{pmatrix} \in M_2$ を線形座標変換し，

$$x_1 = \frac{a+d}{2}, \quad x_2 = \frac{b-c}{2}, \quad x_3 = \frac{a-d}{2}, \quad x_4 = \frac{b+c}{2} \tag{1.6}$$

と定める. この時，

(1) $\mathrm{Tr}(g) = 2x_1, \det(g) = x_1^2 + x_2^2 - x_3^2 - x_4^2$ と表せる．特に，$\phi(g) := (\mathrm{Tr}(g)/2)^2 - \det(g) = -x_2^2 + x_3^2 + x_4^2$ である．
(2) 写像 $(\mathrm{Tr}, \phi): M_2^{\mathrm{hyp}} \to \mathbb{R} \times \mathbb{R}_{>0}$ のファイバーは 1 葉双曲面であり，連結である（図 1.1）．
(3) 写像 $(\mathrm{Tr}, \phi): M_2^{\mathrm{ell}} \to \mathbb{R} \times \mathbb{R}_{<0}$ のファイバーは 2 葉双曲面であり，二つの連結成分をもつ（図 1.2）．
(4) 写像 $(\mathrm{Tr}, \phi): M_2^{\mathrm{par}} \to \mathbb{R} \times \{0\}$ のファイバーは二つの円錐の表面が頂点で接している形になる（図 1.3）．

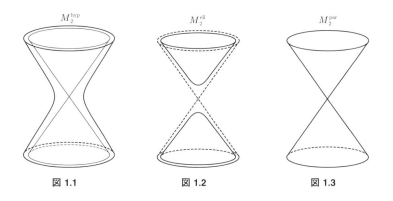

図 1.1　　　　　図 1.2　　　　　図 1.3

寄り道 1.3.16（古典群の系列）　古典群にはいくつかの系列があり，例えば，$SL(n, \mathbb{R}), SU(p, q), SO(p, q)$ のように自然数 n, p, q でパラメータづけされた，群の族を考えることが多い．複素単純リー群のディンキン図形による分類を引用して，$SL(n, \mathbb{R})$ や $SU(p, q)$ は A 型，$SO(p, q)$ は B 型や D 型と称することもある．なお，C 型はシンプレクティック群である．$SL(2, \mathbb{R})$ は A 型でも B 型でも C 型でもあるため，いろいろな型の群論的や幾何学的な性質が混ざって反映している．例えば，ここで行っている 2 次形式を不変量に用いた軌道分解は BD 型的な構造を反映していて，座標変換は，A 型的な世界から BD 型的な世界への移行とみなすことができる．

この軌道分解を $SL(2, \mathbb{R})$ に制限しよう．$SL(2, \mathbb{R})$ は x 座標では $x_1^2 + x_2^2 - x_3^2 - x_4^2 = 1$ という，符号数 $(2, 2)$ の**超双曲超曲面**（ultrahyperbolic hypersurface）である．この超曲面をトレースの値で切っていく時に 3 通りの現象が

14 | 1. リー群 $SL(2, \mathbb{R})$

発生する.

$$G^{\mathrm{hyp}} = M_2^{\mathrm{hyp}} \cap SL(2, \mathbb{R}),$$
$$G^{\mathrm{ell}} = M_2^{\mathrm{ell}} \cap SL(2, \mathbb{R}),$$
$$G^{\mathrm{par}} = M_2^{\mathrm{par}} \cap SL(2, \mathbb{R})$$

と定義する.

補題 1.3.17 $\mathrm{Tr} : SL(2, \mathbb{R}) \to \mathbb{R}$ を考える.

(1) $\mathrm{Tr}(g) = 2x_1$, $\phi(g) := (\mathrm{Tr}(g)/2)^2 - 1 = x_1^2 - 1 = -x_2^2 + x_3^2 + x_4^2$ である.

(2) x 座標で表すと,

$$G^{\mathrm{hyp}} = \{x_1^2 - 1 = -x_2^2 + x_3^2 + x_4^2, x_1^2 > 1\},$$
$$G^{\mathrm{ell}} = \{x_1^2 - 1 = -x_2^2 + x_3^2 + x_4^2, x_1^2 < 1\},$$
$$G^{\mathrm{par}} = \{x_1^2 - 1 = -x_2^2 + x_3^2 + x_4^2, x_1 = \pm 1\}$$
$$= \{0 = -x_2^2 + x_3^2 + x_4^2, x_1 = \pm 1\}$$

である.

(3) 写像 $\mathrm{Tr} : G^{\mathrm{hyp}} \to \mathbb{R} \times (-\infty, -2) \cup (2, \infty)$ のファイバーは 1 葉双曲面であり, 連結である.

(4) 写像 $\mathrm{Tr} : M_2^{\mathrm{hyp}} \to \mathbb{R} \times (-2, 2)$ のファイバーは 2 葉双曲面であり, 二つの連結成分をもつ.

(5) 写像 $\mathrm{Tr} : M_2^{\mathrm{par}} \to \mathbb{R} \times \{\pm 2\}$ のファイバーは二つの円錐の表面が頂点で接している形になる.

例 1.3.18 $x \in \mathbb{R}$ に対して, $g_x = \begin{pmatrix} 1+x & 2x+x^2 \\ 1 & 1+x \end{pmatrix}$ と定める. この時, $g_x \in SL(2, \mathbb{R})$ である. また $\mathrm{Tr}(g_x) = 2(1+x)$ である. したがって, $x > 0$ ならば双曲型, $x < 0$ ならば楕円型, $x = 0$ ならば放物型である. g_x が a_t と共役になるのは, $2(1+x) = 2\cosh t$ の場合であり, $x = 2\sinh^2(t/2)$ と同値である. g_x が k_θ と共役になるのは, $2(1+x) = 2\cos\theta$ の場合であり, $-x = 2\sin^2(\theta/2)$ と同値である. この描像で, 指標の接続を 5.6 節で議論する.

寄り道 1.3.19（楕円型） 平面 2 次曲線を楕円, 双曲線, 放物線に分類した時に, 2 次形式が正定値, 負定値, 退化していることと対応していることを動機

として，2次正方行列の固有多項式が同じ性質をもつ時に用語を借用している．なお，この3種類への分類の際には円と楕円を区別しない．一方で，楕円関数，楕円積分といった時の楕円は離心率に依存するので円とは積極的に区別している．そして楕円曲線は楕円でも円でもない．

1.3.2 不定値直交群

ここまでは不変関数は用いたものの群作用を用いていなかった．上で記述したファイバーへの群 $SL(2,\mathbb{R})$ の作用とその作用による軌道を考える．ここで議論は長くなるものの，次のような群を考えると話の流れがわかりやすくなる．符号数 $(1,2)$ の**不定値直交群**（indefinite orthogonal group）を次のように定義する．

定義 1.3.20

$$O(1,2) = \{g \in M_3(\mathbb{R}) \mid gI_{1,2}{}^tg = I_{1,2}\}$$
$$SO(1,2) = \{g \in O(1,2) \mid \det(g) = 1\},$$
$$SO_0(1,2) = \{g \in SO(1,2) \mid g_{11} \geq 0\}$$

と定める．

$SO_0(1,2) \subset SO(1,2) \subset O(1,2)$ である．$\mathrm{diag}(-1,-1,1)$ は $SO(1,2)$ に含まれるが $SO_0(1,2)$ に含まれない．$\mathrm{diag}(1,1,-1)$ は $O(1,2)$ に含まれるが $SO(1,2)$ に含まれない．したがって，上の包含関係で等号は成立しない．

$$SO_0(1,2) \subsetneqq SO(1,2) \subsetneqq O(1,2) \tag{1.7}$$

これら三つの集合の連結性や群の性質を述べる．

補題 1.3.21 (1) $g \in O(1,2)$, $\mathbf{x} = \begin{pmatrix} x_2 & x_3 & x_4 \end{pmatrix}$ に対して，$\mathbf{x}I_{1,2}{}^t\mathbf{x} = \mathbf{x}gI_{1,2}{}^tg{}^t\mathbf{x}$ が成り立つ．

(2) $g \in O(1,2)$ ならば，$\det(g) = \pm 1$ である．

(3) $O(1,2)$, $SO(1,2)$, $SO_0(1,2)$ は群である．

(4) $SO_0(1,2)$ は連結である．

(5) $SO(1,2)$ は二つの連結成分をもち，$O(1,2)$ は四つの連結成分をもつ．$SO_0(1,2)$ は $SO(1,2)$ の単位元を含む連結成分である．

16 | 1. リー群 $SL(2, \mathbb{R})$

証明 (1) 定義から直ちに従う.

(2) 定義式の両辺の行列式を考えれば $(\det g)^2 \det I_{1,2} = \det I_{1,2}$ となる.

(3) $O(1,2)$ や $SO(1,2)$ が群であることはやさしい. しかし, $SO_0(1,2)$ は群であることは当たり前ではなく, 証明を要する事柄である. まず, $g \in O(1,2)$ であれば, $g_{11}^2 - g_{12}^2 - g_{13}^2 = 1$ なので, $g_{11}^2 \geq 1$ である. したがって, $g, h \in O(1,2)$ であれば,

$$(g_{12}h_{21} + g_{13}h_{31})^2 \leq (g_{12}^2 + g_{13}^2)(h_{21}^2 + h_{31}^2)$$
$$= (g_{11}^2 - 1)(h_{11}^2 - 1) \leq g_{11}^2 h_{11}^2$$

であるので,

$$|g_{12}h_{21} + g_{13}h_{31}| \leq |g_{11}h_{11}|$$

となり,

$$(gh)_{11} = g_{11}h_{11} + g_{12}h_{21} + g_{13}h_{31}$$
$$\geq g_{11}h_{11} - |g_{11}h_{11}|$$

となる. したがって, $g, h \in SO_0(1,2)$ であれば, $(gh)_{11} \geq 0$ となり, $gh \in SO_0(1,2)$ が示された.

また $g \in SO_0(1,2)$ であれば, $g_{11}^2 \geq 1$ かつ $g_{11} \geq 0$ なので $g_{11} \geq 1$ である. すなわち,

$$SO_0(1,2) = \{g \in SO(1,2) \mid g_{11} \geq 0\}$$
$$= \{g \in SO(1,2) \mid g_{11} \geq 1\}$$

である. 次に, $g \in O(1,2)$ の時, $h = g^{-1}$ とすると, $h \in O(1,2)$ であるので

$$1 = g_{11}h_{11} + g_{12}h_{21} + g_{13}h_{31} \leq g_{11}h_{11} + |g_{11}h_{11}|$$

となるので, $g_{11}h_{11} > 0$ である. 特に $g \in SO_0(1,2)$ であれば, $h_{11} > 0$ となり, $h \in SO_0(1,2)$ が成り立つ.

(4) $SO_0(1,2)$ は $\mathbb{R}^3$ に作用する. この作用で 2 葉双曲面の 1 枚

$$X = \{(x_2, x_3, x_4) \in \mathbb{R}^3 \mid x_2^2 - x_3^2 - x_4^2 = 1, x_2 \geq 0\}$$

は保たれる. 実際, $(x_2', x_3', x_4') = (x_2, x_3, x_4)g$ が 2 次式を満たすことは (1) より従い, $x_2' \geq 0$ であることは, (3) の証明と同じ計算で,

$$
\begin{aligned}
(gx)_2 &= g_{11}x_2 + g_{12}x_3 + g_{13}x_4 \\
&\geq g_{11}x_2 - |g_{12}x_3 + g_{13}x_4| \\
&\geq g_{11}x_2 - \sqrt{g_{12}^2 + g_{13}^2}\sqrt{x_3^2 + x_4^2} \\
&\geq g_{11}x_2 - \sqrt{g_{11}^2 - 1}\sqrt{x_2^2 - c^2} \\
&> g_{11}x_2 - |g_{11}x_2| \geq 0
\end{aligned}
$$

から従う. また, この曲面上の 1 点 $(1,0,0) \in X$ の固定部分群は $\begin{pmatrix} 1 & 0 & 0 \\ 0 & \cos\theta & -\sin\theta \\ 0 & \sin\theta & \cos\theta \end{pmatrix}$ という形の行列のなす連結な部分群となる. 一般に, 群 G が連結な位相空間 X に連続かつ推移的に作用し, 1 点 $x_0 \in X$ の固定部分群が連結であれば G は連結である. したがって, $SO_0(1,2)$ は連結である.

(5)

$$
\begin{aligned}
SO(1,2) &= SO_0(1,2) \sqcup SO_0(1,2)\operatorname{diag}(-1,-1,1), \\
O(1,2) &= SO(1,2) \sqcup SO(1,2)\operatorname{diag}(1,1,-1) \\
&= SO_0(1,2) \sqcup SO_0(1,2)\operatorname{diag}(-1,-1,1) \\
&\quad \sqcup SO_0(1,2)\operatorname{diag}(1,1,-1) \sqcup SO_0(1,2)\operatorname{diag}(-1,-1,-1)
\end{aligned}
$$

より従う. $\qquad\qquad\qquad\qquad\qquad\qquad\qquad\qquad\qquad\qquad\square$

以上の準備のもとで, $SL(2,\mathbb{R})$ の共役作用を行列で表示し, 不定値直交群と関連づける. $g \in SL(2,\mathbb{R})$ による $h \subset \mathfrak{sl}_2(\mathbb{R}) \subset M_2(\mathbb{R})$ への共役作用を x 座標で表す. $h = \begin{pmatrix} x_3 & x_2 + x_4 \\ x_4 - x_2 & -x_3 \end{pmatrix}$ と置く. $g = \begin{pmatrix} a & b \\ c & d \end{pmatrix} \in SL(2,\mathbb{R})$ に対して,

$$
ghg^{-1} = \begin{pmatrix} a & b \\ c & d \end{pmatrix} \begin{pmatrix} x_3 & x_2 + x_4 \\ x_4 - x_2 & -x_3 \end{pmatrix} \begin{pmatrix} d & -b \\ -c & a \end{pmatrix}
$$

$$
= \begin{pmatrix}
-(ac+bd)x_2 + (bc+ad)x_3 & (a^2+b^2)x_2 - 2abx_3 \\
\quad -(ac-bd)x_4 & \quad +(a^2-b^2)x_4 \\
-(c^2+d^2)x_2 + 2cdx_3 & (ac+bd)x_2 - (bc+ad)x_3 \\
\quad +(-c^2+d^2)x_4 & \quad +(ac-bd)x_4
\end{pmatrix}
$$

となる．したがってこの行列 ghg^{-1} の x 座標は

$$
2x_2' = (a^2+b^2+c^2+d^2)x_2 - 2(ab+cd)x_3 + (a^2-b^2+c^2-d^2)x_4,
$$
$$
x_3' = -(ac+bd)x_2 + (bc+ad)x_3 - (ac-bd)x_4,
$$
$$
2x_4' = (a^2+b^2-c^2-d^2)x_2 - 2(ab-cd)x_3 + (a^2-b^2-c^2+d^2)x_4
$$

となる．$(x_2, x_3, x_4)^T$ から $(x_2', x_3', x_4')^T$ へのこの線形変換を行列表示したものを $\tau(g)$ と定義すると，

$$
\tau(g) = \begin{pmatrix}
(a^2+b^2+c^2+d^2)/2 & -(ab+cd) & (a^2-b^2+c^2-d^2)/2 \\
-(ac+bd) & (bc+ad) & -(ac-bd) \\
(a^2+b^2-c^2-d^2)/2 & -(ab-cd) & (a^2-b^2-c^2+d^2)/2
\end{pmatrix}
$$

となる．例えば，

$$
\tau \begin{pmatrix} a & 0 \\ 0 & 1/a \end{pmatrix} = \begin{pmatrix}
(a+1/a)/2 & 0 & (a-1/a)/2 \\
0 & 1 & 0 \\
(a-1/a)/2 & 0 & (a+1/a)/2
\end{pmatrix},
$$

$$
\tau \begin{pmatrix} a & -b \\ b & a \end{pmatrix} = \begin{pmatrix}
1 & 0 & 0 \\
0 & a^2-b^2 & -2ab \\
0 & 2ab & a^2-b^2
\end{pmatrix}, \quad a^2 + b^2 = 1,
$$

したがって，

$$
\tau(a_t) = \begin{pmatrix}
\cosh t & 0 & \sinh t \\
0 & 1 & 0 \\
\sinh t & 0 & \cosh t
\end{pmatrix}, \quad \tau(k_\theta) = \begin{pmatrix}
1 & 0 & 0 \\
0 & \cos 2\theta & -\sin 2\theta \\
0 & \sin 2\theta & \cos 2\theta
\end{pmatrix} \tag{1.8}
$$

となる．

補題 1.3.22 ここで定義した

$$
\tau : SL(2,\mathbb{R}) \ni g \mapsto \tau(g) \in SO_0(1,2)
$$

は全射群準同型であり，核は $Z = \{I_2, -I_2\}$ となる．

証明 $\tau(g)$ は 2 次形式 $x_2^2 - x_3^2 - x_4^2$ を保つので $O(1,2)$ に入る．さらに $SL(2,\mathbb{R})$ が連結なのでその像も連結であり，したがって，像は $SO_0(1,2)$ に入る．したがって，$\tau(g) \in SO_0(1,2)$ であり，τ が写像として定まった．τ は作用を行列表示したものなので群準同型である．

g が写像 τ の核に入る時には，全ての $h \in \mathfrak{sl}_2$ に対して $gh = hg$ となるので $g \in Z$ である．最後に，全射性を示す．(1.8) で与えられる元を含む群は $SO_0(1,2)$ を含むことを示せばよい．これは後で共役類を列挙してから証明する． □

寄り道 1.3.23（有限次元既約表現） なお $\tau(g)$ の 9 つの成分は a,b,c,d の多項式であり，$SL(2,\mathbb{C})$ の 3 次元既約多項式表現が定まっている．

この補題より，$SL(2,\mathbb{R})$ の共役類を分類するには，$SO_0(1,2)$ に関する軌道を分類すればよいことになった．$SO_0(1,2)$ は群の各元を列挙するのはわかりづらいが，作用の様子がわかりやすいため，軌道の分類の見通しがよいという利点がある．また，$SO_0(1,2)$ そのもの全体に比べて，わかりやすい部分群（座標軸に対する回転，など）があるので，それらが軌道の分類の作業に有効に利用されることになる．

補題 1.3.24 (1) 補題 1.3.17 で記述した G^{hyp} のファイバーには $SL(2,\mathbb{R})$ が推移的に作用する．しかもファイバーの代表系を「適切に選べば」固定部分群はそれぞれで同一になる．

(2) 補題 1.3.17 で記述した G^{ell} のファイバーの連結成分には $SL(2,\mathbb{R})$ が推移的に作用する．しかもファイバーの連結成分の代表系を「適切に選べば」固定部分群はそれぞれで同一になる．

(3) G^{par} の場合にはファイバーへの $SL(2,\mathbb{R})$ の作用は推移的ではなく，三つの軌道に分かれる．一つの軌道は 1 点 $\{\pm I_2\}$ からなり，他の二つの軌道はファイバーの中で開集合となる．この二つの軌道のそれぞれに $SL(2,\mathbb{R})$ が推移的に作用する．しかもファイバーの連結成分の代表系を「適切に選べば」固定部分群はそれぞれで同一になる．

証明 $SL(2,\mathbb{R})$ の作用は τ を通じて $SO_0(1,2)$ に翻訳されているので，$SO_0(1,2)$ の作用が補題で述べた性質をもつことを示せばよい．(x_3,x_4) 平面

での回転は $SO_0(1,2)$ に含まれる．与えられた点を回転することで $x_4 = 0$, $x_3 \geq 0$ と仮定してよい．この時まず，$(x_1, x_2, x_3, 0) \in G^{\mathrm{hyp}}$ に対して，$x_3 = \sqrt{x_1^2 - 1 + x_2^2} \geq \sqrt{x_1^2 - 1} > 0$ となる．特に $x_2 \in \mathbb{R}$ でそのような元がパラメータづけできる．双曲線の時の考察で $SO_0(1,1)$ の作用は推移的である．したがって G^{hyp} では $(x_1, 0, \sqrt{x_1^2 - 1}, 0)$ に選ぶとよい．この時，固定部分群は

$$\begin{pmatrix} \frac{t^2+1}{2t} & 0 & \frac{t^2-1}{2t} \\ 0 & 1 & 0 \\ \frac{t^2-1}{2t} & 0 & \frac{t^2+1}{2t} \end{pmatrix}$$

という形の行列 $(t > 0)$ の全体となる．特に，固定部分群は x_1 のとり方によらない．$t = e^x$ $(x \in \mathbb{R})$ と書くと，成分は双曲線関数 $\cosh x, \sinh x$ と表せる．ただしここでは初等超越関数である双曲線関数をもち出すことなく，有理関数で書いてみた．

次に $(x_1, x_2, x_3, 0) \in G^{\mathrm{ell}}$ に対しては，$x_2^2 = 1 - x_1^2 + x_3^2 \geq 1 - x_1^2 > 0$ となる．$x_3 \in \mathbb{R}$ に対して，x_2 は $\pm\sqrt{1 - x_1^2 + x_3^2}$ の二つの値をとり，二つの連結成分に分かれる．予告されている代表系は G^{ell} では $x_3 = x_4 = 0$ という直線 ℓ 上に選ぶ．実際，$G^{\mathrm{ell}} \cap \ell = \{(x_1, x_2, 0, 0) \mid x_2^2 = 1 - x_1^2 > 0\}$ であり Tr のファイバーは 2 点である．この時，$SO_0(1,2)$ の中での固定部分群は K に相当するものになる．

最後に $(x_1, x_2, x_3, 0) \in G^{\mathrm{par}}$ の場合を考える．この時，$x_2^2 = x_3^2$ は 2 本の直線 $x_2 = x_3$, $x_2 = -x_3$ の和集合である．したがって，$x_1 = \pm 1$ ごとに，三つの代表元 $(x_1, 1/2, 0, 1/2)$, $(x_1, -1/2, 0, 1/2)$, $(x_1, 0, 0, 0)$ を選ぶことができる．最後の点の固定部分群は $SO_0(1,2)$ 全体である．一方で，最初の 2 点の固定部分群は，$MN = \left\{ \pm\begin{pmatrix} 1 & x \\ 0 & 1 \end{pmatrix} \right\}$ である． $\square$

命題 1.3.25 以上をまとめて，$SL(2, \mathbb{R})$ の共役類の分類は以下のようになる．

(1) トレースの値が 2 より大きい場合．この場合，軌道は単一である．トレースの値を $2\cosh t$ と書くと，a_t が軌道の完全代表系である．固定部分群は MA である．

(2) トレースの値が -2 より小さい場合．この場合，軌道は単一である．トレースの値を $-2\cosh t$ と書くと，$-a_t$ が軌道の完全代表系である．固

定部分群は MA である.

(3) トレースの値が $-2 < \mathrm{Tr} < 2$ の場合. この場合, 軌道の個数は二つである. トレースの値を $2\cos\theta$ と書くと, $k_\theta, k_{-\theta}$ が軌道の完全代表系である. 固定部分群は K である.

(4) トレースの値が 2 の時. この時, 二つの軌道からなる. 単位元からなる軌道 $\{I_2\}$ とそれ以外である. それ以外の方の軌道の代表は n_1 をとることができる. 前者の固定部分群は G であり, 後者の固定部分群は MN である.

(5) トレースの値が -2 の時. この時, 二つの軌道からなる. 単位元からなる軌道 $\{-I_2\}$ とそれ以外である. それ以外の方の軌道の代表は $-n_1$ をとることができる. 前者の固定部分群は G であり, 後者の固定部分群は MN である.

各ファイバーには閉集合からなる軌道がただ一つ存在し, それは半単純元からなる軌道であることが見てとれる. また, 全体が Z の作用に関して共変である記述になっている. このことは指標公式の対称性に反映する (第5章).

(1), (2) の場合は固有値は異なる実数である. (3) の場合は固有値は実数ではなく, 互いに共役な複素数である. (4), (5) の場合は固有値は ± 1 であり, 単位行列の ± 1 倍でない場合は, 対角化可能でない. それぞれの場合を**双曲型**, **楕円型**, **放物型**の軌道と呼ぶ. どの型なのかによって以下で論ずる性質が大きく異なる.

なお, トレースが ± 2 でない場合は, トレースのファイバーの連結成分が軌道になっている.

補題 1.3.26 G が X に作用し, f は不変関数であるとする. この時, f は軌道上で定数関数である. したがって, 商集合 $G\backslash X$ 上の関数 $f : G\backslash X \to \mathbb{R}$ が存在して, $f = \overline{f} \circ \pi$ と書ける. ここで $\pi : X \to G\backslash X$ は標準射影である.

上の命題により, 以前の補題の全射性を示すことができる.

22 | 1. リー群 $SL(2, \mathbb{R})$

1.4 リー群とリー環

まず，最初にリー群からリー環を定義し，今までに定義したいろいろなリー群に対するリー環を具体的に決定する．次に，行列の指数写像がリー環からリー群への写像になることを述べて，その性質を議論する．

1.4.1 接空間と二重数

二重数（dual number）を用いてリー群からリー環を計算する．ε を $\varepsilon^2 = 0$ を満たす記号とする．ただし，$\varepsilon \neq 0$ とみなす．ここでは今までの節で扱ったような行列空間 M_2 の中で定義されたリー群を扱うこととし，$\mathbb{R}[\varepsilon] = \mathbb{R} + \mathbb{R}\varepsilon$ を係数とする 2 次の正方行列を考える．G をそのようなリー群とした時に，そのリー環 $\mathfrak{g}$ を

$$\mathfrak{g} := \{Y \in M_2(\mathbb{R}) \mid I_2 + \varepsilon Y \in G\}$$

と定義する．

寄り道 1.4.1（二重数）　二重数を用いた接空間の定義は代数幾何で古くから行われているが，リー群を活用する場面ではあまり使われてこなかった．近年，自動微分などを通じて，二重数の考えが数式処理や機械学習などにリバイバルしている．

　ε を 0 に近い実数として，微積分の範囲で連続関数や C^∞ 関数を扱う方が，直感に基づくのでわかりやすい．しかし，行列で誤差の評価や収束などを確かめるのは，（ルーチンに過ぎないので慣れれば大したことはないものの）最初は面倒にも思える．したがって，二重数の「ε は二乗が出てきたら直ちに零にする」という安易で明白なやり方にも利点がある．

例 1.4.2　$\mathbb{R}[\varepsilon] = \mathbb{R} + \mathbb{R}\varepsilon$ を係数とする 2 次の正方行列の行列式を計算し，$SL(2, \mathbb{R}[\varepsilon])$ を求めてみよう．$g = \begin{pmatrix} a + a'\varepsilon & b + b'\varepsilon \\ c + c'\varepsilon & d + d'\varepsilon \end{pmatrix}$ に対して，$\det g = (a + a'\varepsilon)(d + d'\varepsilon) - (b + b'\varepsilon)(c + c'\varepsilon) = (ad - bc) + (ad' + a'd - bc' - b'c)\varepsilon$ となる．特に，$\begin{pmatrix} a & b \\ c & d \end{pmatrix} = I_2$ の時は，$\det(I_2 + \varepsilon Y) = 1 + \varepsilon \operatorname{Tr} Y$ となる．したがって条件 $\det g = 1$ は $\operatorname{Tr} Y = 0$ と同値になる．したがって，

$$\mathfrak{sl}_2(\mathbb{R}) = \{Y \in M_2(\mathbb{R}) \mid \mathrm{Tr}\, Y = 0\}$$

がわかった.

例 1.4.3 K のリー環は

$$\mathfrak{k} := \{Y \in M_2(\mathbb{R}) \mid {}^tY = -Y\} = \left\{ \begin{pmatrix} 0 & \theta \\ -\theta & 0 \end{pmatrix} \middle| \theta \in \mathbb{R} \right\}$$

となる. 実際, $g = I_2 + \varepsilon Y$ とすると, ${}^tgg = {}^t(I_2 + \varepsilon Y)(I_2 + \varepsilon Y) = (I_2 + \varepsilon {}^tY)(I_2 + \varepsilon Y) = I_2 + \varepsilon {}^tY + \varepsilon Y + \varepsilon^2 {}^tYY = I_2 + \varepsilon({}^tY + Y)$ となるので, 条件 ${}^tgg = I_2$ は ${}^tY + Y = O$ と同値である.

例 1.4.4 対角行列や上三角行列の場合は, 条件は見やすく, 結果は次のようになる. A, N, $\overline{N}$ のリー環は

$$\mathfrak{a} := \left\{ \begin{pmatrix} t & 0 \\ 0 & -t \end{pmatrix} \middle| t \in \mathbb{R} \right\},$$

$$\mathfrak{n} := \left\{ \begin{pmatrix} 0 & x \\ 0 & 0 \end{pmatrix} \middle| x \in \mathbb{R} \right\},$$

$$\overline{\mathfrak{n}} := \left\{ \begin{pmatrix} 0 & 0 \\ x & 0 \end{pmatrix} \middle| x \in \mathbb{R} \right\}$$

である. また, M のリー環は $\{0\}$ であり, MA のリー環は $\mathfrak{a}$ である. $P = MAN$ のリー環は $\mathfrak{a} + \mathfrak{n}$ となる.

寄り道 1.4.5（リー環とドイツ文字） リー環は対応するリー群のドイツ文字の小文字を用いて書く習慣である.

リー群の記号	G	K	A	M	N
リー環の記号	$\mathfrak{g}$	$\mathfrak{k}$	$\mathfrak{a}$	$\mathfrak{m}$	$\mathfrak{n}$

一方で, P のリー環を $\mathfrak{p}$ と書くかどうかは深刻な悩みがあって, カルタン分解を $\mathfrak{g} = \mathfrak{k} \oplus \mathfrak{p}$ と書きたい気持ちもあるので, その場合は P のリー環を $\mathfrak{p}$ とは書かない. 一方で, 微分幾何では多様体（manifold）を M と書くのでその接空間として $\mathfrak{m}$ を使う流儀も広くあって, その場合はカルタン分解を $\mathfrak{g} = \mathfrak{k} \oplus \mathfrak{m}$ と書く.

24 | 1. リー群 $SL(2, \mathbb{R})$

1.4.2 指 数 写 像

上ではリー群からリー環を構成した. この時,

補題 1.4.6 指数写像はリー環からリー群への写像になる.

既に部分群を用いて指数写像の主要な性質を述べてある.

例 1.4.7 今までに導入した部分群に関しては以下のような顕著な性質が成り立つ.

(1) $\exp : \mathfrak{k} \to K$ は全射であり, 単射でない. 核は $2\pi \begin{pmatrix} 0 & -1 \\ 1 & 0 \end{pmatrix}$ である.

(2) $\exp : \mathfrak{a} \to A$ は全単射である.

(3) $\exp : \mathfrak{n} \to N$ は全単射である.

(4) $\exp : \overline{\mathfrak{n}} \to \overline{N}$ は全単射である.

したがって, これらの群の元は指数写像の像で表すことがしばしばある.

これらの例だけを見ていると, 指数写像は常に全射になりそうに思えてくるが, 不幸なことに $SL(2, \mathbb{R})$ の場合は指数写像が全射でない.

補題 1.4.8 $\begin{pmatrix} -1 & 1 \\ 0 & -1 \end{pmatrix} \in SL(2, \mathbb{R})$ は

(1) $M(2, \mathbb{R})$ の指数写像の像に入らない.

(2) $\mathfrak{sl}_2(\mathbb{C})$ の指数写像の像に入らない.

(3) $\mathfrak{sl}_2(\mathbb{R})$ の指数写像の像に入らない.

証明 与えられた元を $g = -I_2 + n_1$ と書く. $A \in M(2, \mathbb{C})$ を用いて $g = \exp(A)$ と書けているとする. A に関する条件を求めよう. まず, g と A は可換であるから, A は n_1 と可換である. したがって補題 A2.2.2 により, ある $c_1, c_2 \in \mathbb{C}$ を用いて, $A = c_1 n_1 + c_2 I_2$ と書ける. この時, $\exp(A) = e^{c_2} \exp(c_1 n_1) = e^{c_2}(I_2 + c_1 n_2)$ となる.

(1) この時, $c_2 \in \mathbb{R}$ なので, $\exp(A)$ の対角成分は正であるが, g の対角成分は負なので $g = \exp(A)$ となるような $A \in M(2, \mathbb{R})$ は存在しない.

(2) この時, $\mathrm{Tr}(A) = 0$ なので, $c_2 = 0$ である. したがって, $\exp(A)$ の対角成分は 1 であるが, g の対角成分は -1 なので $g = \exp(A)$ となるような $A \in \mathfrak{sl}_2(\mathbb{C})$ は存在しない.

1.4 リー群とリー環 | 25

(3) は (1) の特別な場合であるし，(2) の特別な場合でもある． □

補題 1.4.9 $A \in GL(2, \mathbb{C})$ が二つの異なる固有値 λ, μ をもつとする．この時，A は対角化可能であり，指数写像による M_2 の像に含まれる．

関連するリー群に現れるものも含めて，指数写像の全射性の成立不成立をまとめる．かなりデリケートな性質であることが見てとれる．

命題 1.4.10 (1) $SL(2, \mathbb{R}), SL(2, \mathbb{C}), GL(2, \mathbb{R}), GL^+(2, \mathbb{R})$ では指数写像は全射でない．

(2) $GL(2, \mathbb{C}), PSL(2, \mathbb{R}), PGL(2, \mathbb{C})$ では指数写像は全射である．

証明 (1) 補題 1.4.8 で扱い済みである．なお，$SL(2, \mathbb{R})$ の共役類のうち，指数写像の像に入らない共役類はこれただ一つであることが次の (2) の証明からわかる．

(2) $PSL(2, \mathbb{R})$ に対しては，$SL(2, \mathbb{R})$ の軌道分解を利用する．各共役類の代表元を扱えばよい．$g \in SL(2, \mathbb{R})$ の固有値が実数でない場合は，K の元と共役である．固有値が実数で対角化可能の場合は MA の元と共役である．$\exp(c_2 I_2 + \pi J) = -e^{c_2} I_2$ なので，指数写像は MA へも全射である．対角化できない場合は MN の元と共役である．$PSL(2, \mathbb{R})$ で考える時は，$M = Z$ の部分は割るので，N へ全射であればよい．

$GL(2, \mathbb{C})$ に対しては，よりやさしい．対角化可能の場合は

$$\exp \begin{pmatrix} a & 0 \\ 0 & d \end{pmatrix} = \begin{pmatrix} e^a & 0 \\ 0 & e^d \end{pmatrix}$$

を使えばよい．一方，対角化できない場合は

$$\exp(c_2 I_2 + c_1 n_1) = e^{c_2}(I_2 + c_1 n_1)$$

を使えばよい．例えば，補題 1.4.8 の反例の行列 g に対しては，$A = \pi i I_2 - n_1 \in M(2, \mathbb{C})$ とすると，$\exp(A) = e^{\pi i} \exp(-n_1) = -(I_2 - n_1) = g$ となっている． □

26 | 1. リー群 $SL(2, \mathbb{R})$

1.5 関連するリー群

この節では $SL(2, \mathbb{R})$ に関連するリー群をいくつか定義する. ただし, その性質に関しては証明しないで事実を引用するに留めるものもある.

1.5.1 複 素 化

行列の成分を実数から複素数に置き換えることで, 同様の群を定義することができる.

$$SL(2, \mathbb{C}) = \left\{ g = \begin{pmatrix} a & b \\ c & d \end{pmatrix} \middle| a, b, c, d \in \mathbb{C} \right\}.$$

$SL(3, \mathbb{C})$ は複素 3 次元のリー群である. $SL(2, \mathbb{R})$ は $SL(2, \mathbb{C})$ の部分群である. 実数条件が不要な時は, $SL(2, \mathbb{C})$ で同じ議論ができることがしばしばある. そして, $SL(2, \mathbb{C})$ の時の方が計算が容易になる場合すらある.

1.5.2 ケーリー変換と不定値ユニタリ群

$I_{1,1} = \mathrm{diag}(1, -1) \in GL(2, \mathbb{C})$ とする. 複素数を係数とする $g \in M_2(\mathbb{C})$ に対して, $g^* = \overline{{}^t g} = {}^t \overline{g}$ と定める.

$$SU(1,1) := \{ g \in SL(2, \mathbb{C}) \mid g I_{1,1} g^* = I_{1,1} \}$$

を符号数 $(1, 1)$ の**特殊ユニタリ群**と呼ぶ.

補題 1.5.1 $SU(1,1) = \left\{ \begin{pmatrix} \alpha & \beta \\ \overline{\beta} & \overline{\alpha} \end{pmatrix} \middle| \alpha, \beta \in \mathbb{C}, |\alpha|^2 - |\beta|^2 = 1 \right\}.$

証明 一般に $g = \begin{pmatrix} a & b \\ c & d \end{pmatrix} \in SL(2, \mathbb{C})$ に対して,

$$g^{-1} = \begin{pmatrix} d & -b \\ -c & a \end{pmatrix}, \tag{1.9}$$

$$I_{1,1} g^{-1} I_{1,1} = \begin{pmatrix} d & b \\ c & a \end{pmatrix}, \tag{1.10}$$

$$^t(I_{1,1}g^{-1}I_{1,1}) = \begin{pmatrix} d & c \\ b & a \end{pmatrix}, \tag{1.11}$$

$$(I_{1,1}g^{-1}I_{1,1})^* = \begin{pmatrix} \bar{d} & \bar{c} \\ \bar{b} & \bar{a} \end{pmatrix} \tag{1.12}$$

となる. また, $g \in SL(2,\mathbb{C})$ に対して, $\tau(g) = (I_{1,1}g^{-1}I_{1,1})^*$ と定めると, $g \in SU(1,1)$ の必要十分条件は $\tau(g) = g$ である. $\qquad\square$

寄り道 1.5.2 $g \in SL(2,\mathbb{C})$ に対しては逆行列が 1 次式で書けるという特殊事情が, 内包的記法 (A1.1 節) で定義された集合がほぼ外延的記法で記述できる根拠である. この計算方法で, 三角関数を使わずに, 内包的記法 (1.1) とほぼ外延的記法 (1.2) が一致することも証明できる.

$c = \begin{pmatrix} 1 & -i \\ 1 & i \end{pmatrix} \in GL(2,\mathbb{C})$ と定義する. c の定める一次分数変換が $\frac{z-i}{z+i}$ なので, 用語の拡張として, c を**ケーリー変換**と呼ぶこともある. この時, 直接計算で以下の等式を確かめることができる.

補題 1.5.3 (1) $\alpha, \beta \in \mathbb{C}$ に対して,
$$c^{-1}\begin{pmatrix} \alpha & \beta \\ \bar{\beta} & \bar{\alpha} \end{pmatrix}c = \begin{pmatrix} \operatorname{Re}\alpha + \operatorname{Re}\beta & \operatorname{Im}\alpha - \operatorname{Im}\beta \\ -\operatorname{Im}\alpha - \operatorname{Im}\beta & \operatorname{Re}\alpha - \operatorname{Re}\beta \end{pmatrix}.$$

(2) $a, b, c, d \in \mathbb{R}$ に対して, (1.6) の記号を用いると,
$$c\begin{pmatrix} a & b \\ c & d \end{pmatrix}c^{-1} = \frac{1}{2}\begin{pmatrix} a+d+i(b-c) & a-d-i(b+c) \\ a-d+i(b+c) & a+d-i(b-c) \end{pmatrix}$$
$$= \begin{pmatrix} x_1 + ix_2 & x_3 - ix_4 \\ x_3 + ix_4 & x_1 - ix_2 \end{pmatrix}.$$

命題 1.5.4 $c^{-1}SU(1,1)c = SL(2,\mathbb{R})$.

したがって, $SU(1,1)$ は $SL(2,\mathbb{R})$ とリー群として同型であるので, 非可換, 非コンパクト, 連結な 3 次元のリー群である. 部分群の対応を見よう.

$$ck_\theta c^{-1} = \begin{pmatrix} e^{i\theta} & 0 \\ 0 & e^{-i\theta} \end{pmatrix} \tag{1.13}$$

28 | 1. リー群 $SL(2, \mathbb{R})$

であるから，部分群 $K \subset SL(2, \mathbb{R})$ は

$$cKc^{-1} = \left\{ \begin{pmatrix} z & 0 \\ 0 & z^{-1} \end{pmatrix} \middle| z \in U(1) \right\} \tag{1.14}$$

となる．ただし，1 次元ユニタリ群を

$$U(1) := \{z \in \mathbb{C} \mid |z| = 1\}$$

と定義した．(1.14) の右辺は (1,1) 成分に着目することで $U(1)$ と同型である．

$SU(1,1)$ は成分が複素数で関係もやや複雑であるが，$SL(2, \mathbb{R})$ は成分が実数でわかりやすいという利点があった．一方で，K の元は一般に対角行列ではないが，$U(1)$ の元は対角行列なので，表現や指数写像が見やすいという利点がある．共役によって，それぞれの利点を活かすことができ，「いいとこどり」することができる．

1.5.3 コンパクト双対

$SU(2) = \{g \in SL(2, \mathbb{C}) \mid g^* g = I_2\}$ と定めると，$SU(2)$ は非可換，コンパクト連結なリー群である．$SU(2)$ の既約ユニタリ表現は全て有限次元表現であることが知られている．

$SL(2, \mathbb{R}), SU(1,1), SU(2)$ はどれも $SL(2, \mathbb{C})$ の**実形**（real form）である．

1.5.4 一般線形群
定義 1.5.5

$$GL(2, \mathbb{C}) := \{g \in M(2, \mathbb{C}) \mid \det g \neq 0\},$$
$$GL(2, \mathbb{R}) := \{g \in M(2, \mathbb{R}) \mid \det g \neq 0\},$$
$$GL^+(2, \mathbb{R}) := \{g \in M(2, \mathbb{R}) \mid \det g > 0\}$$

と定義する．

寄り道 1.5.6（一般線形群）　なお，

$$GL(2, \mathbb{Z}) \overset{?}{=} \{g \in M(2, \mathbb{Z}) \mid \det g \neq 0\}$$

ではない．右辺は $\mathrm{diag}(2, 1)$ を含むがその逆行列を含まないので，群にならな

い．正しい定義は「可逆な行列」とすべきである．実数や複素数の場合は行列
が可逆である条件を $\det(g) \neq 0$ と言い換えることができるのでしばしば定義
1.5.5 のように定義する．整数の場合には可逆と同値な条件は $\det(g) = \pm 1$ で
ある．したがって，

$$GL(2, \mathbb{Z}) = \{ g \in M(2, \mathbb{Z}) \mid \det g = \pm 1 \}$$

は正しい．ただし，いきなりそう定義されると面食らうかもしれない．

　行列式条件 $ad - bc = 1$ がなくても理論が展開できる時は，SL よりも GL
の方が見通しがよいことがしばしばある．ただし，SL は**半単純**（semisimple）
や**単純**（simple）というクラスに属しているが，GL は半単純や単純ではない．
それよりはやや広いクラスである**簡約**（reductive）というクラスに属している．
$GL^+(2, \mathbb{R})$ は $GL(2, \mathbb{R})$ の指数 2 の部分群であり，$GL^+(2, \mathbb{R})$ は連結，$GL(2, \mathbb{R})$
は非連結である．また，$GL(2, \mathbb{C})$ は連結である．写像

$$\mathbb{C}^\times \times SL(2, \mathbb{C}) \ni (\lambda, g) \mapsto \lambda g \in GL(2, \mathbb{C})$$

は，全射群準同型であり，核は $\{(1, I_2), (-1, -I_2)\}$ の 2 元からなる．つまり，
$GL(2, \mathbb{C})$ はだいたい $SL(2, \mathbb{C})$ と $\mathbb{C}^\times$ の直積だが，ぴったり一致はしていな
い．この準同型写像の定義域を制限して得られる写像

$$\mathbb{R}^\times \times SL(2, \mathbb{R}) \ni (\lambda, g) \mapsto \lambda g \in GL(2, \mathbb{R})$$

は全射ではなく，像は $GL^+(2, \mathbb{R})$ である．核は同じく $\{(1, I_2), (-1, -I_2)\}$ で
ある．したがって，

$$PSL(2, \mathbb{C}) = SL(2, \mathbb{C})/\{\pm I_2\} = GL(2, \mathbb{C})/\mathbb{C}^\times = PGL(2, \mathbb{C})$$

であるが，$PSL(2, \mathbb{R}) = SL(2, \mathbb{R})/\{\pm I_2\} = GL^+(2, \mathbb{R})/\mathbb{R}^\times$ は $PGL(2, \mathbb{R}) =$
$GL(2, \mathbb{R})/\mathbb{R}^\times$ の指数 2 の部分群である．これらの微妙な違いは本質的な難し
さに直結することは少ないものの，正確な主張を書こうとする時に気を遣わな
ければならない注意点と関係していることが多い．

1.5.5　局所同型
n 次正方行列の全体を M_n と書いた．そのうちの可逆な行列の全体を $M_n^\times =$

GL_n と書く．その群の中心 n $Z(GL_n)$ はスカラー行列で可逆なものの全体である．$Z(GL(n,\mathbb{R})) = \{cI_n \mid c \in \mathbb{R}^\times\}$．$GL_n$ を中心で割った群を PGL_n と定義する．一方で，SL_n は群準同型写像 $\det : GL_n \to GL_1$ の核であり，GL_n の正規部分群である．

$SL(2,\mathbb{R})$ を中心で割った群

$$PSL(2,\mathbb{R}) := SL(2,\mathbb{R})/Z = SL(2,\mathbb{R})/\{I_2, -I_2\}$$

を**射影特殊線形群**と呼ぶ．リー群の準同型 $G \to H$ で，核が離散群であり，像の H の中での指数も有限である時，局所同型写像であるという．例えば，この例のように，中心に含まれる有限部分群で割った群と元の群を局所同型であるという．

さて，$g \in SL(2,\mathbb{R})$ の $\mathrm{Ad}(g) : \mathfrak{sl}_2(\mathbb{R}) \to \mathfrak{sl}_2(\mathbb{R})$ は $\det(\mathrm{Ad}(g)X) = \det(X)$ を満たすので，$\mathrm{Ad}(g) \in SO(1,2) := \{g \in \mathrm{End}(\mathfrak{sl}_2(\mathbb{R})) \mid \det(gX) = \det(X)\}$ となる．これは，リー群の準同型 $SL(2,\mathbb{R}) \ni g \mapsto \mathrm{Ad}(g) \in SO(1,2)$ を誘導する．この像を $SO_0(1,2)$ と記す．$SO(1,2)$ は二つの連結成分をもち，$SO_0(1,2)$ は $SO(1,2)$ の単位元を含む連結成分である．この写像は同型写像 $PSL(2,\mathbb{R}) \to SO_0(1,2)$ を誘導する．複素でも同様に $PSL(2,\mathbb{C})$ は $SO(3,\mathbb{C})$ と同型である．

$SL(2,\mathbb{R})$ は $PSL(2,\mathbb{R})$ の二重被覆群である．$SL(2,\mathbb{R})$ の基本群は K の基本群と同型で，それは $\mathbb{Z}$ と同型な群である．リー群の普遍被覆を普遍被覆群と呼ぶ．$SL(2,\mathbb{R})$ の二重被覆群をメタプレクティック群 $Mp(2,\mathbb{R})$ という．$SL(2,\mathbb{R})$ の普遍被覆群は特別な名称はついていない．$\widetilde{SL}(2,\mathbb{R})$ と書かれることが多いがその記号でメタプレクティック群を表す場合もある．ユニタリ表現論のうち，特に補系列の理解のためには，普遍被覆群をもち出す方が見通しがよいことがある．

今までに挙げた性質などを表にまとめた．表 1.1 の「全射」「単射」はそれぞれ，指数写像が全射，単射であるかどうかを書いた．ここまででは説明していないが，$SE(2,\mathbb{R})$ は合同変換群，$SE^+(2,\mathbb{R})$ はユークリッド運動群，$\mathrm{Aff}(2,\mathbb{R})$ はアフィン変換群，$\mathrm{Aff}^+(2,\mathbb{R})$ はそのうちの向きを保つもの全体のなす部分群である．

表 1.1 リー群の性質

リー群	次元	連結	コンパクト	可換	単純	簡約	全射	単射	単連結	代数群
$SL(2,\mathbb{R})$	3	○	×	×	○	○	×	×	×	○
$GL(2,\mathbb{R})$	4	×	×	×	×	○	×	×	×	○
$GL^{+}(2,\mathbb{R})$	4	○	×	×	×	○	×	×	×	×
$PSL(2,\mathbb{R})$	3	○	×	×	○	○	○	×	×	○
$PGL(2,\mathbb{R})$	3	×	×	×	○	○	×	×	×	○
$SE(2,\mathbb{R})$	3	×	×	×	×	×	×	×	×	○
$SE^{+}(2,\mathbb{R})$	3	○	×	×	×	×	×	○	×	×
$\mathrm{Aff}(2,\mathbb{R})$	6	×	×	×	×	×	×	×	×	○
$\mathrm{Aff}^{+}(2,\mathbb{R})$	6	○	×	×	×	×	○	×	×	×
$SO(2)=K$	1	○	○	○	×	○	○	×	×	○
$O(2)$	1	×	○	×	×	○	○	×	×	○
A	1	○	×	○	×	○	○	○	○	×
M	0	×	○	○	×	○	○	○	○	○
MA	1	×	×	○	×	○	○	○	○	○
N	1	○	×	○	×	×	○	○	○	×
AN	2	○	×	×	×	×	○	○	○	×
$P=MAN$	2	×	×	×	×	×	×	○	○	○

2 リー環 $\mathfrak{sl}_2$

この本では，リー群 $SL(2,\mathbb{R})$ のユニタリ表現を扱う．微分積分学を有効に用いるには，リー環 $\mathfrak{sl}_2(\mathbb{R})$ のユニタリ表現を扱うことが鍵となる．そして，固有値や固有ベクトルの議論を活用するためには，状況を複素化した $\mathfrak{sl}_2 = \mathfrak{sl}_2(\mathbb{C})$ の表現を考える方が見通しがよい．このような動機に基づき，この章ではリー環 $\mathfrak{sl}_2$ に関する基本的な性質をまとめて解説する．$\mathfrak{sl}_2$ に限らず，一般のリー環でも成立し証明も同じものは一般化して述べる方がわかりやすいので一般の場合を議論することもある．一方で，より一般のリー環でも成立するものの証明が本質的に混み入って難しくなるものに関しては，$\mathfrak{sl}_2$ に限って議論し，話の流れを追いやすくするように配慮した．

2.1 リー環の定義と基底

リー環は線形空間に，リー括弧積と呼ばれる特別な 2 項演算を考えた代数系である．正確な定義は定義 A3.5.1 に挙げた．リー環の不思議な括弧積は，動機としてはリー群の接空間として理解するのが自然である．ただし，リー環を理解するためにリー群を経由することが必須だとまではいえないので，リー群をもち出さずにリー環を定義している．リー環の典型的な例を挙げる．

補題 2.1.1 結合代数 A は交換子積を $[a,b] = ab - ba$ で定義することで常にリー環とみなすことができる．

例えばヤコビ恒等式は，結合代数の中で，分配法則と結合法則などを用いて

$$(ab - ba)c - c(ab - ba) + (bc - cb)a - a(bc - cb) + (ca - ac)b - b(ca - ac) = 0$$

を示せることから自動的に従っている．この補題の例として，n 次正方行列全体のなす結合代数

$$\mathfrak{gl}_n = \mathrm{End}(\mathbb{C}^n) = M_n(\mathbb{C})$$

は自然にリー環になる．

補題 2.1.2 リー環 $\mathfrak{g}$ の部分線形空間 $\mathfrak{h}$ が括弧積で閉じている，すなわち，性質「$a, b \in \mathfrak{h}$ ならば $[a, b] \in \mathfrak{h}$」を満たせば，$\mathfrak{h}$ もリー環である．

例えば，

$$\mathfrak{sl}_n = \{A \in M_n \mid \mathrm{Tr}\, A = 0\}$$

はリー環である．これは結合代数ではないリー環の例である．

リー環 $\mathfrak{sl}_2$ は，線形空間としては $\mathfrak{sl}_n$ の $n = 2$ の場合，すなわち，

$$\mathfrak{sl}_2 = \{A \in M_2 \mid \mathrm{Tr}\, A = 0\}$$

と定義されるものである．線形空間としての基底はさまざまなものがある．例えば，パウリ行列，四元数やユニタリ群を視野に置いたものなど，目的に応じて適切な基底をとって議論することが肝要である．この本では，

$$h = \begin{pmatrix} 1 & 0 \\ 0 & -1 \end{pmatrix}, \quad e^+ = \begin{pmatrix} 0 & 1 \\ 0 & 0 \end{pmatrix}, \quad e^- = \begin{pmatrix} 0 & 0 \\ 1 & 0 \end{pmatrix}$$

をよく用いる．行列として，h は半単純，特に対角化可能である．一方，e^+, e^- は冪零である．

リー環の構造は，**リー括弧積**

$$[A, B] = AB - BA$$

で入れる．

寄り道 2.1.3（結合代数の括弧積） やや不思議で，慣れないと混乱する点を一つ補足する．この定義式の右辺では行列の積 AB などが登場しているが，リー環を考える時には，この「行列としての積演算（＝ 結合法則を満たす積）」は考えてはいけない（忘れなければならない）．しかし，具体的な行列 A, B が与えられて $[A, B]$ を計算する時には，AB などを結合法則を満たす積として計算して，上の式で $AB - BA$ を求めるのである．例えば

$$[h, e^+] = \begin{pmatrix} 1 & 0 \\ 0 & -1 \end{pmatrix} \begin{pmatrix} 0 & 1 \\ 0 & 0 \end{pmatrix} - \begin{pmatrix} 0 & 1 \\ 0 & 0 \end{pmatrix} \begin{pmatrix} 1 & 0 \\ 0 & -1 \end{pmatrix}$$

$$= \begin{pmatrix} 0 & 1 \\ 0 & 0 \end{pmatrix} - \begin{pmatrix} 0 & -1 \\ 0 & 0 \end{pmatrix} = \begin{pmatrix} 0 & 2 \\ 0 & 0 \end{pmatrix} = 2e^+$$

とする.

補題 2.1.4 この括弧積によって,基底は次の関係式を満たす.

$$[h, h] = [e^+, e^+] = [e^-, e^-] = 0,$$

$$[h, e^+] = 2e^+, \quad [h, e^-] = -2e^-, \quad [e^+, e^-] = h.$$

証明 上と同様の行列の掛け算を用いた簡単な計算で確認できる. □

この関係式は広い分野に登場するものであり,$\mathfrak{sl}_2$ **関係式**や TDS (three dimensional subalgebra) などといくつかの言い方がなされている.リー環の定義は定義 A3.5.1 に与えた.

2.2 普遍包絡環

リー環 $\mathfrak{sl}_2$ を,結合法則を満たす環に埋め込むことができる.これを**普遍包絡環** (universal enveloping algebra) といい,$U(\mathfrak{sl}_2)$ と書く.定義の仕方は複数あり,

・h, e^+, e^- で生成された結合的代数であり,関係式

$$he^+ - e^+h = 2e^+, \quad he^- - e^-h = -2e^-, \quad e^+e^- - e^-e^+ = h$$

を満たすもの.

・リー環 $\mathfrak{sl}_2$ を含む結合代数で**普遍性**を満たすもの.

・$(e^+)^i (e^-)^j h^k$ という単項式を基底とする線形空間であり,結合的な積が定義されているもの.

というものがある.テンソル積 $V \otimes W$ の定義の方法が複数あることと類似している(テンソル積に関して,より詳しく知りたい読者は [2] も参照).この普

遍包絡環という入れ物を用いると，後に用いるリー環 $\mathfrak{sl}_2$ のさまざまな関係式をあらかじめ準備しておくことができる．

一般に結合代数 A は交換子積を $[a, b] = ab - ba$ で定義することで常にリー環とみなすことができる．この操作の逆が可能であることが知られている．

補題 2.2.1 リー環 $\mathfrak{g}$ に対して，それを線形空間として含む結合代数 $U(\mathfrak{g})$ が存在して次の性質を満たす．任意の結合代数 A とリー環の準同型 $\mathfrak{g} \to A$ は，環準同型 $U(\mathfrak{g}) \to A$ に一意的に延長される．

これは次のように言い換えることもできる．埋め込み写像 $\mathfrak{g} \to U(\mathfrak{g})$ との合成によって，$U(\mathfrak{g})$ から A への環準同型全体から $\mathfrak{g}$ から A へのリー環の準同型全体への自然な写像が得られるが，それが全単射になる．

$$\mathrm{Hom}_{\mathrm{alg}}(U(\mathfrak{g}), A) \to \mathrm{Hom}_{\mathrm{Lie}}(\mathfrak{g}, A). \tag{2.1}$$

このような結合代数が普遍包絡環の一つの定義である．

次に，テンソル積で普遍性を説明する．一般に，加群 U, V, W に対して，$b : V \times W \to U$ が双線形写像であるとは，各 $w \in W$ ごとに，写像 $b(\cdot, w) : W \to U$ が線形写像であり，各 $v \in V$ ごとに，写像 $b(v, \cdot) : V \to U$ が線形写像であることと定める．一般に，線形写像 $f : U \to X$ と双線形写像 $b : V \times W \to U$ に対して，合成写像 $f \circ b : V \times W \to X$ も双線形写像になる．逆に，双線形写像が常に $f \circ b$ と書けるか，という問いに肯定的に答える（この合成写像の逆の存在を保証する）のがテンソル積であるともいえる．

補題 2.2.2 加群 V, W に対して加群 $V \otimes W$ と，双線形写像 $\iota : V \times W \to V \otimes W$ で次の性質を満たすものが存在する．任意の加群 U と，双線形写像 $f : V \times W \to U$ に対して，線形写像 $\overline{f} : V \otimes W \to U$ が存在して，$f = \overline{f} \circ \iota$ となる．

これは，自然な写像

$$\mathrm{Hom}(V \otimes W, U) \xrightarrow{\circ \iota} \mathrm{Bilinear}(V \times W, U)$$

が全単射であることと言い換えられる．

普遍包絡環の三つ目の定義はポアンカレ・バーコフ・ヴィットの定理と関係している．普遍包絡環の一つ目の定義は正確には三つの元 h, e^+, e^- で生成さ

れる自由結合代数（テンソル代数）を，関係式の定める生成元

$$he^+ - e^+h - 2e^+, \quad he^- - e^-h + 2e^-, \quad e^+e^- - e^-e^+ - h$$

で生成される両側イデアルで割ってつくった結合的代数である.

寄り道 2.2.3（両側イデアル）　結合代数 A の部分集合 I が与えられた時に，A の元の間の関係 $\sim$ を，$a, b \in A$ に対して，$a \sim b \Leftrightarrow a - b \in I$ と定めたとする. $\sim$ が同値関係となるための条件は，I が加群であること，すなわち，$x, y \in I$ ならば $x + y \in I, -x \in I$ である. 以下 $\sim$ が同値関係になっていると仮定する. A を同値関係 $\sim$ で割った集合，すなわち，同値類の全体の集合を A/I と記す. この時，A/I には A の和の演算から自然に和の演算が誘導される. A の積の演算から自然に A/I に積の演算が入るための条件を考察しよう. 自然に，ということは代表 a, b を用いて ab と定義したいのであるが，商を考える時には，いつものように well-defined であるかを吟味する必要がある. すなわち，$a \sim a', b \sim b'$ の時に，$ab \sim ab' \sim a'b'$ であるかどうかを考えるとそれらはそれぞれ，$a(b - b') \in I, (a - a')b' \in I$，と同値である. したがって，$x, y \in I$, $a \in A$ ならば，$ax \in I, xa \in I$ であることが必要である. そこで，$I \subset A$ が**両側イデアル**であるとは，$x, y \in I, a \in A$ ならば，$x + y \in I, ax \in I, xa \in I$ を満たすことと定義する. この時，A/I には A の和と積から自然に和と積の構造が入り，結合代数となる.

　一般にイデアルの定義の条件はそのもので理解するよりも<u>イデアルによる商</u>から理解する方が直観的な意味がとりやすい.

　普遍包絡環の第一の定義は構成的であるが大きさがわからない，第三の定義は大きさはわかるが積の定義がわかりづらい，第二の定義は性質ははっきりしているが具体的でない，というそれぞれの特徴をもつ. そして，三つの定義が同値であるのでお互いの定義の欠点が補われ，普遍包絡環は使いやすいものになっている.

　カシミール元の計算の時に必要となる公式を準備しがてら，計算の練習をしてみよう. まず，h と残り二つとの関係を述べる.

補題 2.2.4　以下の関係式が $U(\mathfrak{sl}_2)$ で成立する. ただし，(3), (4), (5) では $f(h)$ は h に関する任意の多項式とする.

(1) $he^+ = e^+(h+2)$.

(2) $he^- = e^-(h-2)$.

(3) $f(h)e^+ = e^+f(h+2)$.

(4) $f(h)e^- = e^-f(h-2)$.

(5) $f(h)(e^+)^i(e^-)^j = (e^+)^i(e^-)^j f(h+2i-2j)$,

$\quad f(h)(e^-)^j(e^+)^i = (e^-)^j(e^+)^i f(h+2i-2j)$,

(6) e^+e^- は h と可換. e^-e^+ は h と可換.

この式 (3) は,「$f(h)$ という多項式に対して,右から e^+ がやってきて左に通り抜けると,h が $h+2$ に変化して,多項式が $f(h+2)$ に平行移動される」と読むことができる.

証明 (1), (2) は $U(\mathfrak{sl}_2)$ の定義から従う.(1) を繰り返し用いると,自然数 j に対して $h^j e^+ = e^+(h+2)^j$ となる.$f(h) = \sum c_j h^j$ に対してこれを用いると (3) が従う.(4) も (2) から従う.(3) を i 回,(4) を j 回用いると (5) が従う.(6) は (5) で $i = j = 1$, $f(h) = h$ とすればよい. $\square$

次に,e^+ と e^- が絡んだ関係式を扱う.

補題 2.2.5 $(e^+)^2 e^- - e^-(e^+)^2 = e^+ h + h e^+ = 2e^+(h+1)$.

証明 $\quad$(左辺) $= e^+(e^+e^- - e^-e^+) + (e^+e^- - e^-e^+)e^+$

$\qquad\qquad = e^+[e^+, e^-] + [e^+, e^-]e^+ =$ (中辺). $\square$

2.3 随伴表現

リー括弧積は二つの成分に対して対等(正確には交代的)だが,第 1 成分と第 2 成分の役割を非対等にして,

$$[A, B] = \mathrm{ad}(A)(B)$$

によって,線形写像 $\mathrm{ad}(A) : \mathfrak{g} \to \mathfrak{g}$ を定義することができる.これを**随伴表現**と呼ぶ.

38 | 2. リー環 $\mathfrak{sl}_2$

寄り道 2.3.1（随伴） 1.5.2 節で用いる随伴行列 g^* は随伴表現との直接の関係はない.

表現の一般論はすぐ次の節で解説するのだが,「表現」と呼ぶのは以下の性質が成り立つからである.

補題 2.3.2 $A, B \in \mathfrak{g}$ に対して, $\mathrm{ad}(A) \circ \mathrm{ad}(B) - \mathrm{ad}(B) \circ \mathrm{ad}(A) = \mathrm{ad}([A, B])$ が成り立つ.

証明 $C \in \mathfrak{g}$ に対して,

$$\mathrm{ad}([A, B])(C) = [[A, B], C] = -[[B, C], A] - [[C, A], B]$$
$$= [A, [B, C]] - [B, [A, C]]$$
$$= \mathrm{ad}(A)(\mathrm{ad}(B)(C)) - \mathrm{ad}(B)(\mathrm{ad}(A)(C))$$

より従う. 1 行目の二つ目の等号ではヤコビ恒等式を, 2 行目の等号では交代性を用いた. □

補題 2.3.3 $\mathfrak{sl}_2$ の場合の三つの線形写像 $\mathrm{ad}(e^+), \mathrm{ad}(h), \mathrm{ad}(e^-) : \mathfrak{sl}_2 \to \mathfrak{sl}_2$ を $\mathfrak{sl}_2$ の基底 $\{e^+, h, e^-\}$ を用いて表示すると次のようになる.

$$\mathrm{ad}(e^+) = \begin{pmatrix} 0 & -2 & 0 \\ 0 & 0 & 1 \\ 0 & 0 & 0 \end{pmatrix}, \ \mathrm{ad}(h) = \begin{pmatrix} 2 & 0 & 0 \\ 0 & 0 & 0 \\ 0 & 0 & -2 \end{pmatrix}, \ \mathrm{ad}(e^-) = \begin{pmatrix} 0 & 0 & 0 \\ -1 & 0 & 0 \\ 0 & 2 & 0 \end{pmatrix}.$$

証明 例えば

$$\mathrm{ad}(e^-)(e^+) = -h, \quad \mathrm{ad}(e^-)(h) = 2e^-, \quad \mathrm{ad}(e^-)(e^-) = 0$$

はそれぞれ, $\mathrm{ad}(e^-)$ の 1 列目, 2 列目, 3 列目を表している. □

この行列表示から, キリング形式を定義する.

定義 2.3.4 $B(X, Y) = \mathrm{Tr}(\mathrm{ad}(X) \mathrm{ad}(Y))$ によって定まる写像

$$B : \mathfrak{sl}_2 \times \mathfrak{sl}_2 \to \mathbb{C}$$

を**キリング形式**と呼ぶ. キリング形式は対称双線形形式である.

行き先がスカラーである線形写像を線形形式と呼んだのと同様に，行き先がスカラーである双線形写像を双線形形式と呼ぶ．また，$B(X,Y) = B(Y,X)$ の場合に対称という．

寄り道 2.3.5（記号 B）　習慣的にキリング形式はアルファベット B を用いて書く．一方で，ボレル部分群も同じアルファベット B で書かれることが多い．すなわち，記号の重なりが習慣的に発生している．これに関しては慣れていくしかない．

補題 2.3.6　$\mathfrak{sl}_2$ の標準基底に対するキリング形式の値は，$B(h,h) = 8$, $B(e^+,e^-) = 4$, $B(h,e^+) = B(h,e^-) = B(e^+,e^+) = B(e^-,e^-) = 0$.

証明　補題 2.3.3 の行列表示を用いて，例えば

$$B(e^+,e^-) = \mathrm{Tr}(\mathrm{ad}(e^+)\,\mathrm{ad}(e^-)) = \mathrm{Tr}\begin{pmatrix} 2 & 0 & 0 \\ 0 & 2 & 0 \\ 0 & 0 & 0 \end{pmatrix} = 2 + 2 + 0 = 4$$

と計算する．$B(h,h) = \mathrm{Tr}(\mathrm{ad}(h)^2) = 4 + 0 + 4 = 8$ である．また，$\mathrm{ad}(h)\,\mathrm{ad}(e^+), \mathrm{ad}(e^+)^2$ は上三角行列，$\mathrm{ad}(h)\,\mathrm{ad}(e^-), \mathrm{ad}(e^-)^2$ は下三角行列で対角成分は全て 0 であるので，トレースも 0 となる． $\square$

したがって，キリング形式に対して，基底 $\{e^+, h, e^-\}$ の双対基底は $\{\frac{1}{4}e^-, \frac{1}{8}h, \frac{1}{4}e^+\}$ となる．そこでカシミール元をこの基底と双対基底を用いて定義する．

定義 2.3.7

$$\frac{1}{8}hh + \frac{1}{4}e^-e^+ + \frac{1}{4}e^+e^- = \frac{1}{8}C$$

によって定められる $U(\mathfrak{sl}_2)$ の元を $\mathfrak{sl}_2$ の**カシミール元**と呼ぶ．ただし，C は分母 8 を払って簡略化した

$$C := h^2 + 2e^-e^+ + 2e^+e^- \tag{2.2}$$

$$= h^2 - 2h + 4e^+e^- \tag{2.3}$$

$$= h^2 + 2h + 4e^-e^+ \tag{2.4}$$

である．定数倍を気にしない時は C もカシミール元と呼んでしまうことがある．

40 | 2. リー環 $\mathfrak{sl}_2$

補題 2.3.8 C は $U(\mathfrak{sl}_2)$ の中心元である.

証明 等式 $hC = Ch$ は,C の第 2 項と第 3 項それぞれに補題 2.2.4(6) を用いれば得られる.また,

$$e^+C - Ce^+ = e^+h^2 - h^2e^+ + 2(e^+)^2e^- - 2e^+e^-e^+ + 2e^+e^-e^+ - 2e^-(e^+)^2$$
$$= e^+\{h^2 - (h+2)^2\} + 2\{(e^+)^2e^- - e^-(e^+)^2\}$$
$$= e^+(-4h - 4) + 2 \times 2e^+(h+1) = 0.$$

ここで三つ目の等号では第 2 項で補題 2.2.5 を用いた.$e^-C = Ce^-$ も同様である. □

逆に中心元は本質的にカシミール元しかない.厳密に述べると,

補題 2.3.9 $U(\mathfrak{sl}_2)$ の中心元は C の多項式である.

証明は A3.6 節で与える.この事実はこの本では直接は用いないが,なぜ $SL(2,\mathbb{R})$ の既約ユニタリ表現のパラメータづけにカシミール元が一つでよいのかに対する傍証となる.

2.4 表　現

表現論はそれだけで大きな分野であり,準備をしているときりがないので,この本で必要となる基本的な言葉の定義や概念を手短にまとめる.

定義 2.4.1 (1) 二つのリー環 $\mathfrak{g}, \mathfrak{h}$ に対して,線形写像 $T : \mathfrak{g} \to \mathfrak{h}$ がリー環の準同型であるとは,$T([X, Y]) = [T(X), T(Y)]$ となることである.

(2) 線形空間 V に対して,V 上の線形変換全体 $\mathrm{End}(V)$ は**結合多元環**（associative algebra：結合的代数, 結合代数）になる.

(3) 一般に結合的代数はリー括弧積を $[A, B] = AB - BA$ と定義することでリー環とみなせる.

(4) 特に $\mathrm{End}(V)$ はリー環ともみなせる.

(5) リー環 $\mathfrak{g}$ と,線形空間 V に対して,リー環の準同型 $\rho : \mathfrak{g} \to \mathrm{End}(V)$

をリー環の表現と呼ぶ．単に表現と呼んだり，$(\mathfrak{g}, \rho, V)$ を (ρ, V) や V や ρ と略記することも多い.

(6) 表現 V の次元とは，V の線形空間としての次元 $\dim V$ であると定める.

平易に言い換えると，線形写像 $\rho(A): V \to V$ が

$$\rho(A) \circ \rho(B) - \rho(B) \circ \rho(A) = \rho([A, B])$$

を満たせばよい．もっと言い換えると，

$$\rho(A)(\rho(B)v) - \rho(B)(\rho(A)v) = \rho([A, B])(v)$$

と書くこともできる．また，やや紛らわしいが，$\rho(A)v$ の ρ を省略して，単に Av と書くこともある.

寄り道 2.4.2（表現）　ある人を理解しようと思った時に，どんな友人がいるかという社会的な関係で理解できることがある．リー環の性質を理解する時にも他のリー環との関係，すなわち，準同型としてどのようなものがあるかを理解することが手がかりとなる．その中でも特に行き先が $\mathrm{End}(V)$ という特別な形をしているものだけを考えることが有効であることが歴史的に知られていて，これに「表現」という特別な名称をつけている．V に線形代数のさまざまな概念や技術を用いることができることが著しい．逆に，表現を逸脱した準同型は一般に難しい.

また，リー環に限らず，群の表現，環の表現など，さまざまなものに表現の概念が定義されている．それらは例えば広島市と北広島市のように，無関係ではないものの別のものであり，それぞれの文脈で定義されているものである．別のものに同じ名前がついていることで，混乱しないようにしたい.

例えば 2.3 節で定義した随伴表現は，上の (5) で $(\mathfrak{g}, \rho, V) = (\mathfrak{g}, \mathrm{ad}, \mathfrak{g})$ の場合にあたる．補題 2.3.2 は，$\mathrm{ad}: \mathfrak{g} \to \mathrm{End}(\mathfrak{g})$ はリー環の表現である，と短く述べることができる.

寄り道 2.4.3（用語を導入する長所と短所）　このように，どんどん概念を導入して定義や性質をより短く述べることが可能になる．一方で，短く述べるとその意味を理解するためにたくさんの定義を使いこなす必要がある．すなわち，良い点と悪い点がある．進んだ学習をする際には，このような「言い換え」が

できることを心に留めておくとよい.

(2.1) で説明した同型を $A = \text{End}(V)$ に適用すると,

$$\text{Hom}_{\text{alg}}(U(\mathfrak{g}), \text{End}(V)) \to \text{Hom}_{\text{Lie}}(\mathfrak{g}, \text{End}(V)) \tag{2.5}$$

となり, この右辺は $\mathfrak{g}$ の V 上の表現の全体である. リー環 $\mathfrak{g}$ の表現, 代数 $U(\mathfrak{g})$ の表現, $\mathfrak{g}$ 加群, $U(\mathfrak{g})$ 加群の 4 者は呼び方や力点は異なるが同じものである.

次に, 線形代数で部分線形空間にあたる概念を表現において導入する.

定義 2.4.4　(1) 表現 $(\mathfrak{g}, \rho, V)$ と V の線形部分空間 W に対して, $\rho(A)w \in W$ が全ての $A \in \mathfrak{g}, w \in W$ について成り立つ時, W を V の**部分表現**と呼ぶ. この条件は $\rho(\mathfrak{g})W \subset W$ と略記されることが多い.

(2) 部分表現 $W \subset V$ に対して, V/W は自然に表現となる. これを**商表現**という.

(3) $\{0\}$ と V 全体は常に部分表現である. これを**自明な部分表現**という.

(4) 部分表現が自明なものに限られる表現を**既約表現**と呼ぶ.

(5) 既約でない表現を**可約表現**と呼ぶ.

(6) 既約表現の直和として表せる表現を**完全可約**と呼ぶ.

(7) 二つの自明でない部分表現の直和として表せない表現を**直既約**という.

二つの異なる既約性の概念 (4)(7) がどちらも意味をもつことが著しい.

寄り道 2.4.5（不変）　表現 V の部分表現 W を**不変部分空間**と呼ぶことがある. $\mathfrak{g}$ を明示する時には $\mathfrak{g}$ 不変部分空間とも呼ぶ. このように同じものに異なる呼び方があることがたまにある. 部分表現という呼び方は作用を重視し, 不変部分空間という呼び方は空間 W に着目しているという気持ちを込めていることもあり, 一方で区別せずに無造作に用語を用いている場合もある.

条件 $\rho(A)w \in W$ は $\rho(A)w = 0$ とは異なる. 後者が全ての $A \in \mathfrak{g}$ に対して成り立つ時, w は不変ベクトルであるという. つまり, 不変部分空間は不変ベクトルのなす部分空間ではないことに注意しておく.

有限群やコンパクト群のしかるべき表現やユニタリ表現は完全可約であり, 直既約表現は既約表現になる. 一方で, この本で扱うような $\mathfrak{sl}_2$ の表現論では

既約ではない直既約表現，例えば可約な非ユニタリな主系列表現を積極的に取り扱う．ユニタリ表現論であるにもかかわらず，このような表現を取り扱うことに戸惑うかもしれないので注意を喚起しておく．

また，以上の「部分」表現などは全て一つのリー環 $\mathfrak{g}$ を固定した時の概念である．リー環 $\mathfrak{g}$ の表現に対して，$\mathfrak{g}$ の部分リー環 $\mathfrak{h}$ の表現とみなして，のように二つのリー環を扱う話も後には出てくるが，それはこれらの用語や概念とは別物である．特に，例えば「対称性を制限する」のように文学的に説明した時に，表現空間 V を W に制限するのか，リー環 $\mathfrak{g}$ を $\mathfrak{h}$ に制限するのか 2 通りに解釈があり得て混同しやすいのでこれも注意しておく．

補題 2.4.6 包絡代数の表現はリー環の表現である．逆にリー環の表現は普遍包絡環の表現である．

証明 リー環の表現は $\rho : \mathfrak{g} \to \mathrm{End}(V)$ というリー環の準同型，普遍包絡環の表現は $U(\mathfrak{g}) \to \mathrm{End}(V)$ という結合代数の準同型である．補題の一つ目の主張は $\mathfrak{g} \subset U(\mathfrak{g})$ より従う．二つ目の主張は普遍性の帰結である． $\square$

2.5 微分表現

1 次の微分係数を取り出す操作によって関数を 1 次式で近似することができる．これを表現に適用することで，リー群の表現からリー環の表現が得られる．

有限次元実線形空間 V に対して，$GL(V)$ は群であり，$\mathrm{End}(V)$ は結合代数であってリー環でもある．そして，リー群 $GL(V)$ のリー環が $\mathfrak{gl}(V) = \mathrm{End}(V)$ であった．さて，リー群 G とそのリー環 $\mathfrak{g}$ が与えられたとする．G の有限次元表現 V とは，群準同型 $\pi : G \to GL(V)$ のことである．通常はこれにしかるべき連続性や C^∞ であることを仮定する．そしてこの写像の単位元における微分写像が $\mathfrak{g} \to \mathfrak{gl}(V)$ である．リー群の表現 π から得られる微分表現 $d\pi$ の具体形は，微分の定義を思い出すと，

$$d\pi(X)v := \lim_{t \to 0} \frac{\pi(e^{tX})v - v}{t} = \frac{d}{dt}\pi(e^{tX})v\Big|_{t=0}$$

である．これはリー環の準同型写像になっている．つまり，リー環の表現であ

る．このようにして得られるリー環の表現を**微分表現**と呼ぶ．1.3.1 項の共役作用の微分表現を求めてみよう．リー環の元 $X, Y \in \mathfrak{sl}_2$ に対する群 $G = SL(2)$ の元 $g = I_2 + \varepsilon X, h = I_2 + \varepsilon Y$ に対して

$$ghg^{-1} = (I_2 + \varepsilon X)(I_2 + \varepsilon Y)(I_2 - \varepsilon X)$$
$$= I_2 + \varepsilon(XY - YX) = I_2 + \varepsilon[X, Y]$$

となる．これがリー環の括弧積の由来である．

3 既約ウエイト加群の分類

前の章で定義した表現のうち，ウエイト加群という特別な条件を満たすものを以下では扱う．ウエイト加群は h の作用に着目し，固有ベクトルや広義固有ベクトルへの分解を積極的に用いることで定義され，性質が議論される．単純な条件であるが，これが e^+, e^- の作用と絶妙に絡み合うことによってウエイト加群は豊富な構造をもつ．この章の後半ではウエイト加群のうち最も基本的なもの，すなわち，既約なものを分類する．上手に標準表現を構成することにより，既約な表現は一つまたは二つのパラメータで分類することができる．

3.1 ウエイト加群の構造

リー環 $\mathfrak{sl}_2$ の基底

$$h = \begin{pmatrix} 1 & 0 \\ 0 & -1 \end{pmatrix}, \quad e^+ = \begin{pmatrix} 0 & 1 \\ 0 & 0 \end{pmatrix}, \quad e^- = \begin{pmatrix} 0 & 0 \\ 1 & 0 \end{pmatrix}$$

を固定する．

(ρ, V) をリー環 $\mathfrak{sl}_2$ の表現とする．すなわち，$\rho : \mathfrak{sl}_2 \to \mathrm{End}(V)$ をリー環の準同型とする．

まず，一つの線形変換 h が作用しているということだけを使い，e^+, e^- の作用を使わない概念や事実をまとめる．線形代数の範囲の内容だが，V の次元を有限とは限っていないので，丁寧に記述する．

定義 3.1.1 線形空間 V，線形変換 $h : V \to V$，複素数 $\lambda \in \mathbb{C}$，に対して以下のような概念を定義する．

・零でないベクトル $v \in V$ が $hv = \lambda v$ を満たす時，v を固有値 λ の**固有べ**

46 | 3. 既約ウエイト加群の分類

クトルという.

・固有値 λ の固有ベクトルと零ベクトルを合わせた集合

$$V_\lambda := \ker(h - \lambda I_V) = \{v \in V \mid hv = \lambda v\}$$

を固有値 λ の固有空間という. 固有空間の零でないベクトルは固有値 λ の固有ベクトルである.

・零でないベクトル $v \in V$ に対して, ある自然数 n が存在して, $(h - \lambda I_V)^n v = 0$ を満たす時, v を固有値 λ の**一般固有ベクトル**, あるいは, 広義固有ベクトルという.

・固有値 λ の一般固有ベクトルと零ベクトルを合わせた集合

$$\overline{V_\lambda} = \{v \in V \mid (h - \lambda I)^n v = 0, \ \exists n\} = \bigcup_{n=1}^{\infty} \ker(h - \lambda I)^n$$

を一般固有空間と呼ぶ.

寄り道 3.1.2（一般固有空間） 一般固有空間や固有空間をどのような記号で書くかはさまざまな流儀があり定まっていない. 文献を参照する時には記号に注意する必要がある.

部分空間として,

$$V_\lambda \subset \overline{V_\lambda} \subset V$$

という自明な包含関係がある.

補題 3.1.3 $\dim \overline{V_\lambda} \geq 1$ ならば $\dim V_\lambda \geq 1$ である.

証明 $\overline{V_\lambda} \neq \{0\}$ とする. $0 \neq v \in \overline{V_\lambda}$ をとる. $n \in \mathbb{N}$ を $(h - \lambda I)^n v = 0$ となるような最小の自然数とする. この時, $0 \neq (h - \lambda I)^{n-1} v \in \ker(h - \lambda I) = V_\lambda$ である. したがって $V_\lambda \neq \{0\}$ である. □

補題 3.1.4 $V = \sum \overline{V_\lambda}$ であることと $V = \oplus \overline{V_\lambda}$ であることは同値である. すなわち, 異なる固有値をもつ一般固有ベクトルは一次独立である.

証明 $\Lambda \subset \mathbb{C}$ を有限部分集合とする. $v_\lambda \in \overline{V_\lambda}$ が $\sum_{\lambda \in \Lambda} v_\lambda = 0$ を満たすとする. この時, 全ての $\lambda \in \Lambda$ に対して $v_\lambda = 0$ であることを示す. $\lambda \in \Lambda$ に対して, $n_\lambda \in \mathbb{N}$ を $(h - \lambda I)^{n_\lambda} v_\lambda = 0$ となるように選び, $n = \max\{n_\lambda \mid \lambda \in \Lambda\}$

とおく. 固定した $\mu \in \Lambda$ に対して, 多項式

$$g(x) := \prod_{\lambda \in \Lambda, \lambda \neq \mu} (x + \mu - \lambda)^n$$

は x^n と互いに素なので, 定理 A3.4.2 により, ある多項式 $p(x), q(x) \in \mathbb{C}[x]$ が存在して, $p(x)g(x) + x^n q(x) = 1$ となる. $f(x) := p(x - \mu)g(x - \mu)$ とおくと, $f(x) - 1$ は $(x - \mu)^n$ で割り切れる. また, $f(x)$ は $g(x - \mu)$ で割り切れるので, $(x - \lambda)^n$ で割り切れる $(\lambda \in \Lambda, \lambda \neq \mu)$. したがって,

$$f(h) \sum_{\lambda \in \Lambda} v_\lambda = \sum_{\lambda \in \Lambda} f(h) v_\lambda = v_\mu \tag{3.1}$$

となる. 以上で $v_\mu = 0$ が得られた. $\square$

寄り道 3.1.5（線形独立性） 背理法による証明や K の個数に関する数学的帰納法を用いた証明もよく見かける.

定義 3.1.6 (ρ, V) が h–**容認** (admissible) であるとは $V = \oplus \overline{V_\lambda}$ かつ $\dim V_\lambda$ が有限であることと定める.

定義 3.1.7 (ρ, V) が h–**半単純**であるとは $V = \oplus V_\lambda$ であることと定める.

定義 3.1.8 $\lambda \in \mathbb{C}$ が (ρ, V) の**ウエイト**であるとは, $\dim \overline{V_\lambda} \geq 1$ であることと定める. これは $\dim V_\lambda \geq 1$ とも同値である（補題 3.1.3）.

ここから h の作用に e^+, e^- の作用を加味した概念や性質を扱う.

定義 3.1.9 h–認容かつ h–半単純な $\mathfrak{sl}_2$ の表現を**ウエイト加群**と呼ぶ.

補題 3.1.10 (ρ, V) を $\mathfrak{sl}_2$ の表現とする.

(1) $\lambda_0 \in \mathbb{C}$ を固定する. $I = \lambda_0 + 2\mathbb{Z}$ とする. $W = \sum_{\lambda \in I} V_\lambda$ は V の部分表現である.

(2) $\lambda_0, \lambda_0' \in \mathbb{C}$ に対して, (1) の方法で W, W' を定める. $W \cap W' \neq \{0\}$ ならば, $\lambda_0 - \lambda_0' \in 2\mathbb{Z}$ である.

(3) 上の W を $V[\lambda_0]$ と書く. $\mathbb{C}/2\mathbb{Z}$ の完全代表系を Λ とする. この時, $\sum_{\lambda_0 \in \Lambda} V[\lambda_0]$ は直和である.

(4) $V = \oplus V_\lambda$ の時, $V = \oplus_{\lambda_0 \in \Lambda} V[\lambda_0]$ である.

証明 (1) $U(\mathfrak{g})$ の中の等式

$$(h-\lambda)^n h = h(h-\lambda)^n,$$
$$(h-\lambda-2)^n e^+ = e^+ (h-\lambda)^n,$$
$$(h-\lambda+2)^n e^- = e^- (h-\lambda)^n$$

より, $h\overline{V_\lambda} \subset \overline{V_\lambda}$, $e^+\overline{V_\lambda} \subset \overline{V_{\lambda+2}}$, $e^-\overline{V_\lambda} \subset \overline{V_{\lambda-2}}$ である.

(2), (3), (4) は補題 3.1.4 より従う. $\square$

次の命題がいかにも $\mathfrak{sl}_2$ らしい特徴的なものである.

命題 3.1.11 (ρ, V) を $\mathfrak{sl}_2$ の表現とする. $\lambda_0 \in \mathbb{C}$ をウエイトとし, $0 \neq v \in V_{\lambda_0}$ を一つ選び固定する.

$$v_{\lambda_0+2k} = (e^+)^k v_{\lambda_0} \quad (k \in \mathbb{N}), \tag{3.2}$$
$$v_{\lambda_0-2k} = (e^-)^k v_{\lambda_0} \quad (k \in \mathbb{N}) \tag{3.3}$$

と定める. この時,

$$h v_{\lambda_0+2k} = (\lambda+2k) v_{\lambda_0+2k} \quad (k \in \mathbb{Z})$$
$$e^+ v_{\lambda_0+2k} = v_{\lambda_0+2k+2} \quad (k \in \mathbb{N})$$
$$e^- v_{\lambda_0+2k} = v_{\lambda_0+2k-2} \quad (-k \in \mathbb{N})$$

である. さらに, $\mu \in \mathbb{C}$ が存在して, カシミール元（定義 2.3.7）に対して $C v_{\lambda_0} = \mu v_{\lambda_0}$ であると仮定する. この時,

$$C v_{\lambda_0+2k} = \mu v_{\lambda_0+2k} \quad (k \in \mathbb{Z}), \tag{3.4}$$
$$e^+ v_{\lambda_0+2k} = \frac{1}{4}(\mu+1-(\lambda_0+2k+1)^2) v_{\lambda_0+2k+2} \quad (-k \in \mathbb{N}), \tag{3.5}$$
$$e^- v_{\lambda_0+2k} = \frac{1}{4}(\mu+1-(\lambda_0+2k-1)^2) v_{\lambda_0+2k-2} \quad (k \in \mathbb{N}) \tag{3.6}$$

が成り立つ. 特にこの時, $\sum_{k\in\mathbb{Z}} \mathbb{C} v_{\lambda_0+2k}$ は V の部分表現であり, ウエイト加群である.

注意 3.1.12 $k \in \mathbb{Z}$ によっては $v_{\lambda_0+2k} = 0$ となるかもしれない.

証明 C は $\mathfrak{sl}_2$ と可換なので, (3.4) が成り立つ. (2.3) を v_{λ_0+2k+2} $(-k \in \mathbb{N})$ に施すと,

$$Cv_{\lambda_0+2k+2} = ((\lambda_0 + 2k + 1)^2 - 1)v_{\lambda_0+2k+2} + 4e^+ v_{\lambda_0+2k}$$

となるので (3.5) が得られる．同様に，(2.4) を v_{λ_0+2k-2} $(k \in \mathbb{N})$ に施すと，(3.6) が得られる． □

定義 3.1.13 (ρ, V) が**擬単純**（quasi simple）であるとはカシミール元 C が V にスカラーで作用することと定める．$\mathfrak{sl}_2$ の場合には $Z(\mathfrak{sl}_2) = \mathbb{C}[C]$ だったので，条件「無限小指標をもつ」とも同値である．

補題 3.1.14（シューアの補題） $\mathfrak{sl}_2$ の既約表現は擬単純である．

証明 $A = \mathrm{End}_\mathfrak{g}(V)$ と置く．A は $\mathbb{C}$ をスカラー倍作用素として含む．さて，$0 \neq T \in A$ とする．T の核は V の部分表現であり V とは異なるから，$\{0\}$ である．T の像も V の部分表現であり $\{0\}$ とは異なるから V である．したがって，T は全単射である．この時，T の逆写像も A の元である．すなわち，代数 A は体である．ここまでが既約性を利用した議論である．

ところで，$\mathbb{C}$ を真に含む体は 1 変数有理関数体 $\mathbb{C}(x)$ を含む．$\mathbb{C}(x)$ の元 $1/(x - \lambda)$ は $\lambda \in \mathbb{C}$ を動かした時に $\mathbb{C}$ 上線形独立なので，$\mathbb{C}(x)$ の線形空間としての次元は $\mathbb{C}$ の濃度以上になる．

次に，この表現の特殊性を活用する．$0 \neq v \in V$ を一つ選ぶと，$U(\mathfrak{sl}_2) \ni X \mapsto Xv \in V$ は全射であるので V は高々可算次元である．また，写像 $A \ni T \mapsto Tv \in V$ が単射であるから，A の $\mathbb{C}$ 上の線形空間としての次元は V の次元以下であり，高々可算である．したがって $A = \mathbb{C}$ となる．すなわち，既約表現の $\mathfrak{g}$ 準同型はスカラー作用素である．カシミール元の作用は $\mathfrak{g}$ 準同型なのでスカラー作用素となる． □

シューアの補題は有限次元表現に対して述べられることが多いが，この無限次元の場合の主張と証明は [21] 定理 1.4.2 の証明をアレンジしたものである．

3.2 節では既約とは限らない擬単純な表現も扱うが当分は既約表現を扱う．

補題 3.1.15 (ρ, V) を $\mathfrak{sl}_2$ の既約表現で，$V = \oplus \overline{V_\lambda}$ を満たすとする．I を V のウエイトの集合とする．この時，

(1) $\lambda_0 \in \mathbb{C}$ が存在して $I \subset \lambda_0 + 2\mathbb{Z}$ である．

(2) $\lambda \in I$ に対して $\dim \overline{V_\lambda} = 1$ であり，$\overline{V_\lambda} = V_\lambda$ である．

50 | 3. 既約ウエイト加群の分類

(3) 特に V はウエイト加群である.

証明 (1) 補題 3.1.10 (4) から従う.

(2) 補題 3.1.3 より, $0 \neq v \in V_{\lambda_0}$ が存在する. 命題 3.1.11 の最後の主張と V の既約性の仮定より, $V = \sum_{k \in \mathbb{Z}} \mathbb{C} v_{\lambda_0 + 2k}$ となる. □

命題 3.1.16 (ρ, V) は $\mathfrak{sl}_2$ の既約表現で $V = \oplus \overline{V_\lambda}$ を満たすとする. I を V のウエイトの全体, $\lambda_0 \in I$ とする. カシミール元 C は V にスカラー倍 $\mu \in \mathbb{C}$ で作用するとし, $v_{\lambda_0 \pm 2k}$ を (3.2), (3.3) で定める. この時,

(1) ある $k \in \mathbb{N}$ が存在して $\mu + 1 = (\lambda_0 + 2k - 1)^2$ であるとする. この時, $v_{\lambda_0 + 2k} = v_{\lambda_0 + 2k + 2} = \cdots = 0$ である.

(2) ある $-k \in \mathbb{N}$ が存在して $\mu + 1 = (\lambda_0 + 2k + 1)^2$ であるとする. この時, $v_{\lambda_0 + 2k} = v_{\lambda_0 + 2k - 2} = \cdots = 0$ である.

(3) 逆に, ある $k \in \mathbb{N}$ が存在して $v_{\lambda_0 + 2k - 2} \neq 0, v_{\lambda_0 + 2k} = 0$ であるとする. この時, $e^+ v_{\lambda_0 + 2k - 2} = 0$ であり, $\mu + 1 = (\lambda_0 + 2k - 1)^2$ である.

(4) ある $-k \in \mathbb{N}$ が存在して $v_{\lambda_0 + 2k + 2} \neq 0, v_{\lambda_0 + 2k} = 0$ であるとする. この時, $e^- v_{\lambda_0 + 2k + 2} = 0$ であり, $\mu + 1 = (\lambda_0 + 2k + 1)^2$ である.

証明 (1) (3.6) より, $e^- v_{\lambda_0 + 2k} = 0$ となる. この時, $W = \sum_{j \in \mathbb{Z}, j \geq k} \mathbb{C} v_{\lambda_0 + 2j}$ は V の部分表現となる. $v_{\lambda_0} \notin W$ であり, V は既約であるから, $W = \{0\}$ である.

(2) 同様に (3.5) より, $e^+ v_{\lambda_0 + 2k} = 0$ となる. この時, $W = \sum_{j \in \mathbb{Z}, j \leq k} \mathbb{C} v_{\lambda_0 + 2j}$ は V の部分表現となる. $v_{\lambda_0} \notin W$ であり, V は既約であるから, $W = \{0\}$ である. □

系 3.1.17 前の命題と同じ仮定とする. この時, I の可能性は次のいずれかである.

(a) $I = \lambda_0 + 2\mathbb{Z}$.

(b) $I = \lambda_0 + 2\mathbb{Z}_{\leq 0}$.

(c) $I = \lambda_0 + 2\mathbb{Z}_{\geq 0}$.

(d) $m \in \mathbb{Z}_{\geq 0}$ が存在して, $I = \{m, m-2, m-4, \ldots, 4-m, 2-m, -m\}$.

証明 まず, 準備として, $I = I_1 \cup I_2$ と書いた時に「任意の $i \in I_1, j \in I_2$ に

対して，$i - j \notin 2\mathbb{Z}$」であるならば，$I = I_1$ または $I = I_2$ であることを示す．もしそうでないとすると，$W_i = \sum_{\lambda \in I_i} V_\lambda$ $(i = 1, 2)$ と定めると，W_1, W_2 はどちらも V の部分表現になり，$V = W_1 + W_2$ であるから，$W_1 = V$ または $W_2 = V$ である．

したがって，I は (a), (b), (c) か，あるいは，ある $-k_1, k_2 \in \mathbb{N}$ が存在して，$\{\lambda_0 + 2j \mid j = k_1 + 1, k_1 + 2, \ldots, k_2 - 2, k_2 - 1\}$ のいずれかの形となる．最後の場合に，(d) の形になることを示す．命題 3.1.16 (3), (4) より，$\mu + 1 = (\lambda_0 + 2k_2 - 1)^2 = (\lambda_0 + 2k_1 + 1)^2$ となる．この時，$k_2 - k_1 \neq 1$ より $\lambda_0 = -(k_1 + k_2)$ となる．$m = k_2 - k_1 - 2 \in \mathbb{Z}_{\geq 0}$ と置けば

$$\lambda_0 + 2k_1 + 2 = k_1 - k_2 + 2 = -m, \quad \lambda_0 + 2k_2 - 2 = k_2 - k_1 - 2 = m$$

となる．したがって，(d) の形になる． $\square$

注意 3.1.18 第 4 章では，主系列表現と補系列表現が (a)，離散系列表現が (b) と (c)，有限次元表現が (d) となるものであることを予告しておく．

3.2 標準表現

系 3.1.17 を動機として，2 パラメータをもつ $\mathfrak{sl}_2$ の表現の族を考えて，その表現の既約性を判定する．また，それぞれの表現が前の節の表現とどのように同型であるかも決定する．

命題 3.2.1 $a(j), b(j), c(j)$ を変数 j に関する多項式とする．可算個の元 $\{v_j \mid j \in \mathbb{Z}\}$ を基底とする線形空間を V とする．V 上の線形変換 h, e^+, e^- を

$$hv_j = a(j)v_j,$$
$$e^+ v_j = b(j)v_{j+1},$$
$$e^- v_j = c(j)v_{j-1}$$

と定める．この時，これらの線形変換が $\mathfrak{sl}_2$ 関係式

$$he^+ = e^+(h+2), \quad he^- = e^-(h-2), \quad e^+e^- - e^-e^+ = h$$

を満たすための必要十分条件は以下のいずれかが成り立つことである．

- $h = e^+ = e^- = 0$.
- ある定数 $k \in \mathbb{C}^\times$, $\nu^+, \nu^- \in \mathbb{C}$ を用いて

$$a(j) = 2j + \nu^+ - \nu^-,$$
$$b(j) = k(j + \nu^+),$$
$$c(j) = -(j - \nu^-)/k$$

と書くことができる.

- b は零ではない定数である. ある定数 $\lambda_0, \mu \in \mathbb{C}$ を用いて,

$$a(j) = 2j + \lambda_0,$$
$$c(j) = \frac{\mu + 1 - (2j + \lambda_0 - 1)^2}{4b}.$$

- c は零ではない定数である. ある定数 $\lambda_0, \mu \in \mathbb{C}$ を用いて,

$$a(j) = 2j + \lambda_0,$$
$$b(j) = \frac{\mu + 1 - (2j + \lambda_0 + 1)^2}{4c}.$$

証明

$$he^+ v_j = hb(j)v_{j+1} = a(j+1)b(j)v_{j+1},$$
$$e^+(h+2)v_j = e^+(a(j)+2)v_j = b(j)(a(j)+2)v_{j+1}$$

より, $he^+ = e^+(h+2)$ の必要十分条件は

$$b(j)\{a(j+1) - a(j) - 2\} = 0$$

である. 同様に $he^- = e^-(h-2)$ の必要十分条件は

$$c(j)\{a(j-1) - a(j) + 2\} = 0$$

である. したがって, 多項式として $b = c = 0$ または $a(j+1) = a(j) + 2$ である. $b = c = 0$ ならば $e^+ = e^- = 0$ となり, 関係式 $e^+ e^- - e^- e^+ = h$ より $h = 0$ となる.

以下, $a(j+1) = a(j) + 2$ の場合を考える. この時, $a(j) = 2j + a(0)$ である. 関係式 $e^+ e^- - e^- e^+ = h$ が成り立つための必要十分条件は

$$b(j-1)c(j) - c(j+1)b(j) = a(j)$$

である．これは

$$b(j-1)c(j) + (j-1)j + a(0)j = b(j)c(j+1) + j(j+1) + a(0)(j+1)$$

と書き直すことができる．したがって j の多項式として

$$b(j-1)c(j) + (j-1)j + a(0)j = （定数） \tag{3.7}$$

となる．特に $b(j-1)c(j)$ は 2 次多項式で j^2 の係数は -1 である．ここで b, c の次数によって三つの場合に分ける．

・b, c が 1 次式の場合．ある定数 $k \in \mathbb{C}^\times$, $\nu^+, \nu^- \in \mathbb{C}$ を用いて $b(j) = k(j + \nu^+)$, $c(j) = -(j - \nu^-)/k$ と書くことができる．この時 (3.7) が成り立つための必要十分条件は $a(0) = \nu^+ - \nu^-$ である．

・b が定数の場合．まず $c(j)$ は 2 次式である．この時 (3.7) が成り立つための必要十分条件は

$$-b\{c(j) - c(0)\} = j(j + a(0) - 1)$$

である．$a(0) = \lambda_0$, $4b \times c(0) = \mu + 1 - (\lambda_0 - 1)^2$ とおくと，

$$4b \times c(j) = \mu + 1 - (2j + \lambda_0 - 1)^2$$

となる．

・c が定数の場合．この場合 $b(j)$ は 2 次式である．この時 (3.7) が成り立つための必要十分条件は

$$-c\{b(j-1) - b(0)\} = j(j + a(0) - 1)$$

である．$a(0) = \lambda_0$, $4c \times b(0) = \mu + 1 - (\lambda_0 - 1)^2$ とおくと，

$$4c \times b(j-1) = \mu + 1 - (2j + \lambda_0 - 1)^2$$

となる． □

この命題の主張に (3.5), (3.6) の形の式が登場していることを動機として次のように定義する．

54 | 3. 既約ウエイト加群の分類

定義 3.2.2 $\nu^+, \nu^- \in \mathbb{C}$ をパラメータとする. $\{v_j \mid j \in \mathbb{Z}\}$ を基底とする（特にここでは $v_j \neq 0$ を仮定している. その点が注意 3.1.12 の v_{λ_0+2k} とは異なっている）. 可算次元の線形空間 $U(\nu^+, \nu^-) = \oplus_{j \in \mathbb{Z}} \mathbb{C} v_j$ への $\mathfrak{sl}_2$ の生成元の作用を次のように定める. $j \in \mathbb{Z}$ に対して,

$$
\begin{cases}
h v_j & = (\nu^+ - \nu^- + 2j) v_j, \\
e^+ v_j & = (\nu^+ + j) v_{j+1}, \\
e^- v_j & = (\nu^- - j) v_{j-1}.
\end{cases}
$$

命題 3.2.1 より $U(\nu^+, \nu^-)$ は $\mathfrak{sl}_2$ の表現である.

定義 3.2.3 $\mu, \lambda \in \mathbb{C}$ をパラメータとする. $\{v_j \mid j \in \mathbb{Z}\}$ を基底とする.

・可算次元の線形空間 $W(\mu, \lambda) = \oplus_{j \in \mathbb{Z}} \mathbb{C} v_j$ への $\mathfrak{sl}_2$ の生成元の作用を次のように定める. $j \in \mathbb{Z}$ に対して,

$$
\begin{cases}
h v_j & = (\lambda + 2j) v_j, \\
e^+ v_j & = v_{j+1}, \\
e^- v_j & = \dfrac{1}{4}\{\mu + 1 - (\lambda + 2j - 1)^2\} v_{j-1}.
\end{cases}
$$

・可算次元の線形空間 $\overline{W}(\mu, \lambda) = \oplus_{j \in \mathbb{Z}} \mathbb{C} v_j$ への $\mathfrak{sl}_2$ の生成元の作用を次のように定める. $j \in \mathbb{Z}$ に対して,

$$
\begin{cases}
h v_j & = (\lambda + 2j) v_j, \\
e^- v_j & = v_{j-1}, \\
e^+ v_j & = \dfrac{1}{4}\{\mu + 1 - (\lambda + 2j + 1)^2\} v_{j+1}.
\end{cases}
$$

命題 3.2.1 より $W(\mu, \lambda)$, $\overline{W(\mu, \lambda)}$ は, $\mathfrak{sl}_2$ の表現である.

ここで定めた表現 $U(\nu^+, \nu^-)$, $W(\mu, \lambda)$, $\overline{W(\mu, \lambda)}$ を**標準表現**と呼ぶ. これらの記号は [29] II.1.2 節のものである. ここではなぜこのように定義するかという動機を命題 3.2.1 で説明した.

この表現がいつ既約になるかを順次調べていく. まず, 最も典型的な場合を扱う. ここで上昇冪の定義を与える. ポポハマ記号（Pochhammer symbol）ともいう.

定義 3.2.4 $a \in \mathbb{C}$ と自然数 n に対して,

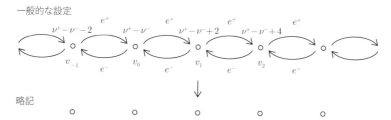

図 3.1 標準表現のウエイトと昇降演算子の図示と簡易表示

$$(a)_n = \underbrace{a(a+1)\cdots(a+n-1)}_{n\,項} \tag{3.8}$$

と定める．$n=0$ の時は $(a)_0 = 1$ と約束する．これは乗法的な差分方程式

$$c_{n+1} = (a+n)c_n, \quad n = 0, 1, \ldots,$$
$$c_0 = 1$$

を満たすただ一つの解 $c_n = (a)_n$ である．

寄り道 3.2.5（上昇冪） ガンマ関数 $\Gamma(x)$ の性質 $\Gamma(x+1) = x\Gamma(x)$ を用いると，

$$(a)_n = \frac{\Gamma(a+n)}{\Gamma(a)} \tag{3.9}$$

と書き表すことができるが，書き表さない方がよい時もある．例えば $(a)_n$ が変数 a に関して多項式であるという性質は (3.9) よりも (3.8) の方が見やすい．

命題 3.2.6 $\nu^+, \nu^- \notin \mathbb{Z}$ とする．

$$\lambda_0 = \nu^+ - \nu^-, \quad \mu + 1 = (\nu^+ + \nu^- - 1)^2$$

と定める時，命題 3.1.11 の $V = \oplus \mathbb{C} v_{\lambda_0 + 2k}$ は $U(\nu^+, \nu^-)$ と同型である．さらにこれらの表現は既約である．

証明 線形写像 $\iota: V \to U(\nu^+, \nu^-)$ を

$$v_{\lambda_0} \mapsto v_0,$$
$$v_{\lambda_0 + 2k} \mapsto (\nu^+)_k v_k, \quad (k \in \mathbb{N}),$$
$$v_{\lambda_0 - 2k} \mapsto (\nu^-)_k v_{-k}, \quad (k \in \mathbb{N}),$$

によって定めると，ι は全単射である．この時，

$$\frac{1}{4}(\mu + 1 - (\lambda_0 + 2k + 1)^2) = (\nu^+ + k)(\nu^- - 1 - k),$$

$$\frac{1}{4}(\mu + 1 - (\lambda_0 + 2k - 1)^2) = (\nu^+ + k - 1)(\nu^- - k)$$

であることを利用して，ι が表現の同型写像となることを示す．実際，$k \in \mathbb{N}$ の時，

$$e^+ \iota(v_{\lambda_0 + 2k}) = e^+ (\nu^+)_k v_k = (\nu^+)_k (\nu^+ + k) v_{k+1}$$
$$= (\nu^+)_{k+1} v_{k+1} = \iota(v_{\lambda_0 + 2(k+1)}) = \iota(e^+ v_{\lambda_0 + 2k}),$$

$$e^- \iota(v_{\lambda_0 + 2k}) = e^- (\nu^+)_k v_k = (\nu^+)_k (\nu^- - k) v_{k-1}$$
$$= (\nu^+)_{k-1} (\nu^+ + k - 1)(\nu^- - k) v_{k-1}$$
$$= (\nu^+ + k - 1)(\nu^- - k) \iota(v_{\lambda_0 + 2k-2})$$
$$= \frac{1}{4}(\mu + 1 - (\lambda_0 + 2k - 1)^2) \iota(v_{\lambda_0 + 2k-2})$$
$$= \iota(e^- v_{\lambda_0 + 2k})$$

のように確かめられる． □

この場合の $U(\nu^+, \nu^-)$ のウエイトベクトルと対応する V のウエイトベクトルを図示すると

$\cdots$	v_{-2}	v_{-1}	v_0	v_1	v_2	$\cdots$
$\cdots$	$\nu^-(\nu^- + 1)v_{-2}$	$\nu^- v_{-1}$	v_0	$\nu^+ v_1$	$\nu^+(\nu^+ + 1)v_2$	$\cdots$
$\cdots$	$v_{\lambda_0 - 4}$	$v_{\lambda_0 - 2}$	v_{λ_0}	$v_{\lambda_0 + 2}$	$v_{\lambda_0 + 4}$	$\cdots$

となる．1 行目が $U(\nu^+, \nu^-)$ の標準的な基底であり，2 行目はそれをスカラー倍したものである．命題 3.2.6 の状況では 1 行目と 2 行目のベクトルはどちらも基底であるが，以下の補題 3.2.7 の状況では，2 行目のベクトルの一部が零ベクトルになり，2 行目は $U(\nu^+, \nu^-)$ の基底にはならない．この差異が重大な分かれ目である．3 行目は V の標準的な基底である．

次に可約になる場合を扱う．

補題 3.2.7 $\nu^- = 0$ の時，すなわち，$U(\nu^+, 0)$ は可約である．

証明 $e^- v_0 = 0$ なので，$W = \oplus_{j \in \mathbb{Z}_{\geq 0}} \mathbb{C} v_j$ は真部分表現である． □

一般の整数の場合を，上の特殊な場合に帰着するための補題を与える．

補題 3.2.8 $U(\nu^+ + 1, \nu^- - 1)$ は $U(\nu^+, \nu^-)$ と同型である．

証明 区別するためにこの補題の証明では $U(\nu^+ + 1, \nu^- - 1)$ の基底を v_j' と書く．基底を基底に移す写像 $v_j \mapsto v_{j-1}'$ が表現の同型写像となることを証明する．

$$hv_{j-1}' = (\nu^+ + 1 - \nu^- + 1 + 2(j-1))v_{j-1}' = (\nu^+ - \nu^- + 2j)v_{j-1}',$$

$$e^+ v_{j-1}' = (\nu^+ + 1 + j - 1)v_j' = (\nu^+ + j)v_j',$$

$$e^- v_{j-1}' = (\nu^- - 1 - j + 1)v_{j-2}' = (\nu^- - j)v_{j-2}'. \qquad \square$$

特に既約性は同型で保たれる性質であるので，次の補題が示せる．

系 3.2.9 $U(\nu^+, \nu^-)$ が可約であるための必要十分条件は，ν^+ または ν^- の少なくともどちらか一方が整数であることである．

証明 ν^- が整数の時は，上の二つの補題を組み合わせて可約であることが導ける．ν^+ が整数の時も，並行して証明できる．逆にどちらも整数でない場合は命題 3.2.6 より既約だった． $\qquad \square$

以上で既約性が判定できた．次に可約な場合の既約分解を与える．ν^+, ν^- が整数かどうかに応じて三つの場合に分けて議論する．

補題 3.2.10 $\nu^+ \notin \mathbb{Z}, \nu^- \in \mathbb{Z}$ とする．

$$W = \bigoplus_{k \in \mathbb{Z}_{\geq 0}} \mathbb{C}v_{\nu^- + k}$$

と定義する．この時，W は $U(\nu^+, \nu^-)$ の部分表現であり，$U(\nu^+, \nu^-)$ の部分表現は W と $\{0\}$ と $U(\nu^+, \nu^-)$ だけである．

証明 $\nu^- = 0$ としてよい．関係式 $e^- v_{\nu^-} = 0$ から W が部分表現であることが導ける．一方，勝手な部分表現は h 安定であり，部分表現はこの形のものに限られることを証明する．W' を非自明な部分表現とし，$w \in W'$ を 0 でない元とする．$w = \sum_{j \in \mathbb{Z}} c_j v_j$ と線形結合に書いた時に，中国式剰余定理より，$c_j \neq 0$ ならば $v_j \in W'$ となる．したがって，W' は W' に属する元の展開に

現れる v_j たちを含み，それらで生成される部分線形空間であるから，h 安定である．もし，ある $k \in \mathbb{Z}_{<0}$ に対して，$v_k \in W'$ であれば，全ての $j \in \mathbb{Z}$ に対して $v_j \in W'$ となるので $W' = U(\nu^+, \nu^-)$ となる．そうでない場合，すなわち，どんな $k \in \mathbb{Z}_{<0}$ に対しても $v_j \notin W'$ であれば，$W' \subset W$ である．この時，ある $k \in \mathbb{Z}_{\geq 0}$ に対して $w_k \in W'$ であるので，$W \subset W'$ となり，$W' = W$ が示された． $\square$

標準表現 $U = U(\nu^+, \nu^-)$ と，その部分表現 W，商表現 U/W を図 3.2 に図示する．

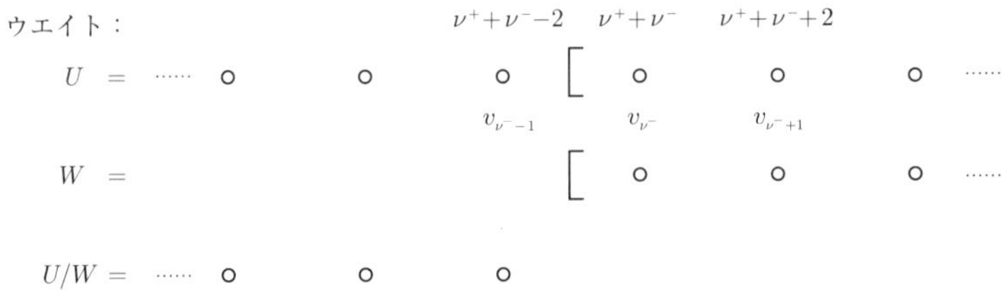

図 3.2 最低ウエイト表現を部分表現にもつパラメータ

ν^+ と ν^- の役割を交代した時に同様の議論と結果が成り立つ．

補題 3.2.11 $\nu^+ \in \mathbb{Z},\, \nu^- \notin \mathbb{Z}$ の時は，

$$W = \bigoplus_{k \in \mathbb{Z}_{\geq 0}} \mathbb{C} v_{-\nu^+ - k}$$

が $U(\nu^+, \nu^-)$ の唯一の非自明な部分表現である．

図 3.3 に，補題 3.2.11 の場合のウエイトを図示する．

最後に，$\nu^+, \nu^- \in \mathbb{Z}$ の場合を考える．まず，最も特殊な場合を述べる．

補題 3.2.12 $\nu^+ + \nu^- = 1$ であり，$\nu^+, \nu^- \in \mathbb{Z}$ とする．この時 $U(\nu^+, \nu^-)$ は二つの真部分表現の直和である．

証明 この時，$e^+ v_{-\nu^+} = 0,\, e^- v_{\nu^-} = 0$ である．

$$W_1 = \bigoplus_{j \in \mathbb{N}} \mathbb{C} v_{j - \nu^+}, \quad W_2 = \bigoplus_{j \in \mathbb{N}} \mathbb{C} v_{\nu^- - j}$$

とする．$1 - \nu^+ = \nu^-$ に着目すると，$U(\nu^+, \nu^-) = W_1 \oplus W_2$ となる． $\square$

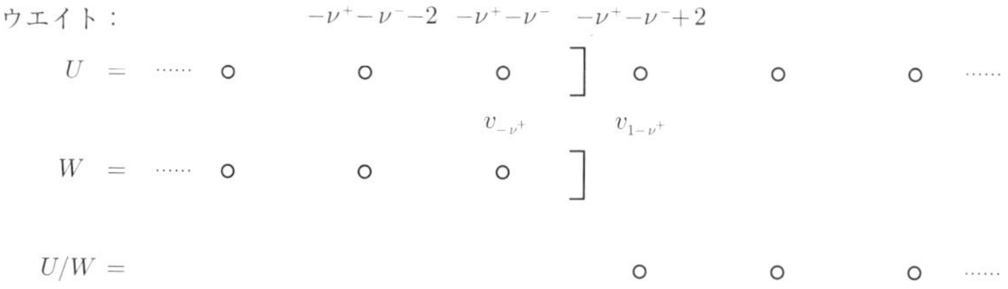

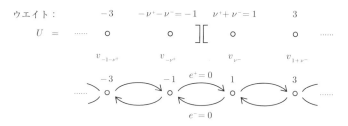

図 3.3 最高ウエイト表現を部分表現にもつパラメータ

図 3.4 直和に分かれる表現のウエイトと昇降演算子の表し方

図 3.4 のように，特定の隣り合ったウエイトのウエイトベクトル v_j, v_{j+1} の間の昇降演算子 e^+, e^- が 0 写像になっている．このことを図で表す方法はいろいろあるが，[29] ではこれを仕切り（壁）のようなものと考えて括弧を用いて表している．] は左から右へ行けない，すなわち，その間の e^+ が零写像であることを表す．[は右から左へ行けない，すなわち，その間の e^- が零写像であることを表す．右左のウエイトの集合はそれぞれ，部分表現 W_1, W_2 を表している．特にこの補題の状況の時には，$U(\nu^+, \nu^-)$ が直既約にならない．

補題 3.2.12 で既にみたように $\nu^+ + \nu^- = 1$ の時は直既約でない，という特別な現象が起こっている．

補題 3.2.13 $\nu^+, \nu^- \in \mathbb{Z}$ とする．この時，

$$W^- = \bigoplus_{k \in \mathbb{Z}_{\geq 0}} \mathbb{C} v_{\nu^- + k},$$

$$W^+ = \bigoplus_{k \in \mathbb{Z}_{\geq 0}} \mathbb{C} v_{-\nu^+ - k}$$

と定義する．

(1) $W^+, W^-, W^+ \cap W^-$ は部分表現である．

60 | 3. 既約ウエイト加群の分類

(2) 表現 $W^+ \cap W^-$ のウエイトは

$$\{\nu^+ - \nu^- + 2j \mid j \in [\nu^-, -\nu^+] \cap \mathbb{Z}\}$$
$$= \{\lambda \in [\nu^+ + \nu^-, -\nu^+ - \nu^-] \mid \lambda + \nu^+ + \nu^- \in 2\mathbb{Z}\}$$

であり，それが空集合にならない必要十分条件は，$\nu^- + \nu^+ \leq 0$ である．

(3) 逆に $\nu^- + \nu^+ \geq 2$ の場合は，$W^+ \oplus W^-$ は $U(\nu^+, \nu^-)$ の真部分表現であり，それによる商表現のウエイトは

$$\{\nu^+ - \nu^- + 2j \mid j \in [1 - \nu^+, \nu^- - 1] \cap \mathbb{Z}\}$$
$$= \{\lambda \in [2 - \nu^+ - \nu^-, \nu^+ + \nu^- - 2] \mid \lambda + \nu^+ + \nu^- \in 2\mathbb{Z}\}$$

である．$\nu^+ + \nu^- - 2 \in \mathbb{Z}_{\geq 0}$ なので，この集合は空集合ではない．

以上の準備のもとで，パラメータ $\nu^\pm$ がともに整数の場合の標準表現の分解を与える．パラメータの属する領域を三つに分けて述べる．

補題 3.2.14 $\nu^+, \nu^- \in \mathbb{Z}$ かつ $\nu^- + \nu^+ \leq 0$ とする．この時，$U(\nu^+, \nu^-)$ の非自明な部分表現は $W^+, W^-, W^+ \cap W^-$ のいずれかである．そのうち，$W^+ \cap W^-$ は有限次元，W^+, W^- は無限次元である．$U(\nu^+, \nu^-)$ の既約な部分表現は $W^+ \cap W^-$ のみである．

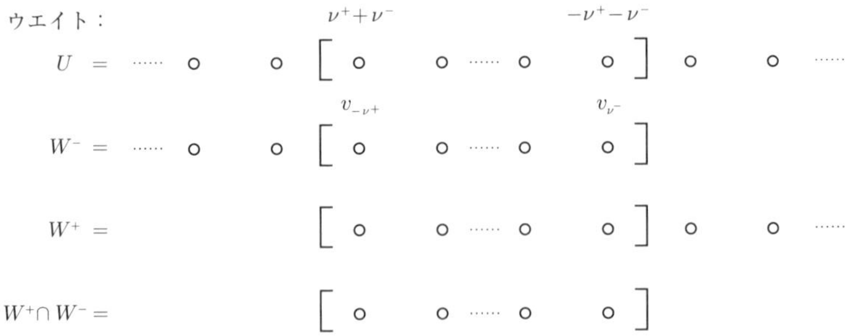

図 3.5 補題 3.2.14 を表す図

補題 3.2.15 $\nu^+, \nu^- \in \mathbb{Z}$ かつ $\nu^- + \nu^+ \geq 2$ とする．この時，$W^+ \cap W^- = \{0\}$ である．$U(\nu^+, \nu^-)$ の非自明な部分表現は $W^+, W^-, W^+ \oplus W^-$ のいずれかで

あり，いずれも無限次元である．$U(\nu^+,\nu^-)$ の既約な部分表現は W^+ と W^- である．

$$
\begin{array}{ll}
\text{ウエイト：} & \quad -\nu^+-\nu^- \quad -\nu^+-\nu^-+2 \qquad\qquad \nu^++\nu^--2 \quad \nu^++\nu^- \\
U = & \cdots\cdots \circ \quad\quad \circ \ ] \ \circ \quad \circ \ \cdots\cdots \ \circ \quad\quad \circ \ [\quad \circ \quad\quad \circ \ \cdots\cdots \\
& \qquad\qquad\quad v_{\nu^-} \quad v_{\nu^-+1} \qquad\qquad\qquad v_{-\nu^+-1} \quad v_{-\nu^+} \\
W^- = & \cdots\cdots \circ \quad\quad \circ \ ] \\
\\
W^+ = & \qquad\qquad\qquad\qquad\qquad\qquad\qquad\qquad\qquad [\quad \circ \quad\quad \circ \ \cdots\cdots \\
\\
W^+\oplus W^- = & \cdots\cdots \circ \quad\quad \circ \ ] \qquad\qquad\qquad\qquad\quad [\quad \circ \quad\quad \circ \ \cdots\cdots
\end{array}
$$

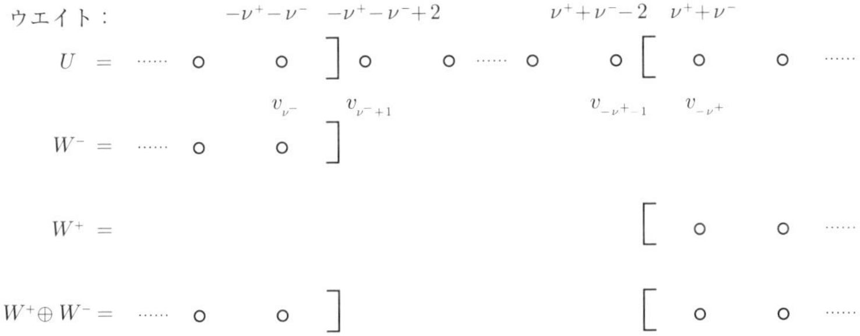

図 3.6 補題 3.2.15 を表す図

補題 3.2.16 $\nu^+,\nu^- \in \mathbb{Z}$ かつ $\nu^-+\nu^+=1$ とする．この時，$U(\nu^+,\nu^-)$ の非自明な部分表現は W^+, W^- のいずれかであり，いずれも無限次元である．$U(\nu^+,\nu^-)$ の既約な部分表現は W^+ と W^- である．$W^+\cap W^-=\{0\}$ であり，$W^+\oplus W^- = U(\nu^+,\nu^-)$ である．したがって $U(\nu^+,\nu^-)$ は直既約でない．逆に $U(\nu^+,\nu^-)$ が直既約でないのはこの「$\nu^+,\nu^- \in \mathbb{Z}$ かつ $\nu^-+\nu^+=1$」の場合に限られる．

この三つの分解の様子は，煉瓦を積んだ形で表すこともできる．図 3.7 で，一つ一つの箱は既約表現を表している．下の段は部分表現を，上の段は商表現を表す．特に，1 段のものは完全可約であり，2 段のものは完全可約でない．

図 3.7 煉瓦を積んだ形で表現の分解を表した図

既約性の判定や部分表現の描像がウエイトだけで記述できる様子は，グレブナ基底を扱う時に主要項に着目して単項式の冪指数の順序を扱うことに帰着できることに似てみえる．

3.3 最高ウエイト表現

ウエイトの集合に上限が存在する表現を**最高ウエイト表現**といい，ウエイトの集合に下限が存在する表現を**最低ウエイト表現**という．最高と最低は双対の関係にあるので並行して議論できる．表現全体の中では特殊なクラスであるが，しばしば重要な役割を果たす．命題 3.1.17 でいえば，(b), (d) が最高ウエイト表現に対応し，(c), (d) が最低ウエイト表現に対応する．

既約最低ウエイト表現 V を考え，その最低ウエイトを $\lambda_0 \in \mathbb{C}$，対応するウエイトベクトルを $v_{\lambda_0} \in V$ とする．帰納的に

$$v_{\lambda_0+2j+2} = e^+ v_{\lambda_0+2j}, \quad j = 0, 1, 2, \ldots,$$

によって $\{v_{\lambda_0+2j}\}_{j \in \mathbb{N}_0}$ を定義する．

補題 3.3.1 この時，$\mu + 1 = (\lambda_0 - 1)^2$ であり，

$$e^- v_{\lambda_0+2j+2} = -(\lambda_0 + j)(j+1)\, v_{\lambda_0+2j}, \quad j = 0, 1, 2, \ldots,$$

となる．

証明

$$
\begin{aligned}
\mu v_{\lambda_0} &= C v_{\lambda_0} \\
&= \{(h-1)^2 - 1 + 4e^+ e^-\} v_{\lambda_0} \\
&= \{(\lambda_0 - 1)^2 - 1\} v_{\lambda_0}
\end{aligned}
$$

であるから，$\mu + 1 = (\lambda_0 - 1)^2$ である．さらに，

$$
\begin{aligned}
\mu v_{\lambda_0+2j} &= C v_{\lambda_0+2j} \\
&= \{(h+1)^2 - 1 + 4e^- e^+\} v_{\lambda_0+2j} \\
&= \{(\lambda_0 + 2j + 1)^2 - 1\} v_{\lambda_0+2j} + 4e^- v_{\lambda_0+2j+2}
\end{aligned}
$$

であるから，

$$4e^- v_{\lambda_0+2j+2} = \{(\lambda_0 - 1)^2 - (\lambda_0 + 2j + 1)^2\} v_{\lambda_0+2j}$$

となる． $\square$

この既約最低ウエイト表現を標準表現に埋め込む．「埋め込む」とは具体的には次のような手続きを意味する．まず，$\nu^- = 0,\ \nu^+ = \lambda_0$ という特別なパラメータに対する標準表現 $U(\nu^+, 0)$ を考える．これは可約表現で，部分表現 $W^+ = \oplus_{j \geq 0} \mathbb{C}v_j$ をもつのであった．

補題 3.3.2 補題 3.3.1 の状況のもとで，線形写像 $\iota : V \to W^+ \subset U(\nu^+, 0)$ を基底の間の関係

$$\iota(v_{\lambda_0 + 2j}) = (\nu^+)_j v_j, \quad j = 0, 1, 2, \ldots$$

$$\iota(v_{\lambda_0 + 2j}) = 0, \quad j = -1, -2, \ldots$$

で定める．この時，写像 ι は $\mathfrak{sl}_2$ 準同型である．

証明 ι が h, e^+, e^- の作用と可換であることを確認する．

$$\begin{aligned}
e^+ \iota(v_{\lambda_0 + 2j}) &= e^+ (\nu^+)_j v_j \\
&= (\nu^+)_j (\nu^+ + j) v_{j+1} \\
&= (\nu^+)_{j+1} v_{j+1} \\
&= \iota(v_{\lambda_0 + 2j + 2}) \\
&= \iota(e^+ v_{\lambda_0 + 2j}), \\
e^- \iota(v_{\lambda_0 + 2j + 2}) &= e^- (\nu^+)_{j+1} v_{j+1} \\
&= (\nu^+)_{j+1} \{-(j+1) v_j\} \\
&= -(\nu^+)_j (\nu^+ + j)(j+1) v_j \\
&= -(\lambda_0 + j)(j+1) \iota(v_{\lambda_0 + 2j}) \\
&= \iota(e^- v_{\lambda_0 + 2j + 2}), \\
h \iota(v_{\lambda + 2j}) &= h(\nu^+)_j v_j \\
&= (\nu^+)_j (\nu^+ + 2j) v_j \\
&= (\nu^+ + 2j) \iota(v_{\lambda + 2j}) \\
&= \iota(h v_{\lambda + 2j}). \qquad \square
\end{aligned}$$

ここで登場した標準表現の既約分解は前節で完全にわかっているので，既約最低ウエイト表現の分類ができる．

64 | 3. 既約ウエイト加群の分類

命題 3.3.3 既約最低ウエイト表現は，最低ウエイト $\lambda_0 \in \mathbb{C}$ に対して，一意的に存在する．この表現は標準表現 $U(\lambda_0, 0)$ の既約な部分表現であり，具体形は次のように二つのパターンに分かれる．

(1) $\lambda_0 \in \mathbb{C}$ が $\lambda_0 \neq 0, -1, -2, \ldots$ の時は，標準表現 $U(\lambda_0, 0)$ の既約な部分表現 $W^+ = \oplus_{j \geq 0} \mathbb{C} v_j$.

(2) $\lambda_0 = 0, -1, -2, \ldots$ の時は，標準表現 $U(\lambda_0, 0)$ の既約な部分表現 $W^+ \cap W^- = \oplus_{j=0}^{-\lambda_0} \mathbb{C} v_j$.

並行した議論は既約最高ウエイト表現に対しても可能である．途中の補題などは省略して結果を書くと：

命題 3.3.4 既約最高ウエイト表現は，最高ウエイト $\lambda_0 \in \mathbb{C}$ に対して，一意的に存在する．この表現は標準表現 $U(0, \lambda_0)$ の既約な部分表現であり，具体形は次のように二つのパターンに分かれる．

(1) $\lambda_0 \in \mathbb{C}$ が $\lambda_0 \neq 0, 1, 2, \ldots$ の時は，標準表現 $U(0, \lambda_0)$ の既約な部分表現 $W^- = \oplus_{j \geq 0} \mathbb{C} v_{-j}$.

(2) $\lambda_0 = 0, 1, 2, \ldots$ の時は，標準表現 $U(0, \lambda_0)$ の既約な部分表現 $W^+ \cap W^- = \oplus_{j=0}^{\lambda_0} \mathbb{C} v_j$.

定義 3.2.3 で定めた標準表現 $W(\lambda, \mu)$, $\overline{W}(\lambda, \mu)$ の既約分解は，次のようになる．

補題 3.3.5 (1) 全ての $j \in \mathbb{Z}$ に対して $(\lambda + 2j - 1)^2 \neq \mu + 1$ の時，$W(\lambda, \mu)$, $\overline{W}(\lambda, \mu)$ は既約である．

(2) ある $j \in \mathbb{Z}$ に対して $(\lambda + 2j - 1)^2 = \mu + 1$ の時，$W(\lambda, \mu)$, $\overline{W}(\lambda, \mu)$ は可約である．

証明 (2) 実際

$$\bigoplus_{k \in \mathbb{Z}_{\geq 0}} \mathbb{C} v_{j+k} \subset W(\lambda, \mu),$$

$$\bigoplus_{k \in \mathbb{Z}_{<0}} \mathbb{C} v_{j+k} \subset \overline{W}(\lambda, \mu)$$

は，部分表現である． □

補題 3.2.8 と同じ議論で，次を示すことができる．

補題 3.3.6 $W(\mu, \lambda+2)$ は $W(\mu, \lambda)$ と同型である．$\overline{W}(\mu, \lambda+2)$ は $\overline{W}(\mu, \lambda)$ と同型である．

命題 3.3.7 (1) $\lambda \notin \mathbb{Z}$ かつある $j \in \mathbb{Z}$ に対して $(\lambda+2j-1)^2 = \mu+1$ の時，$W(\lambda, \mu)$, $\overline{W}(\lambda, \mu)$ はそれぞれ唯一の既約部分表現をもち，かつ，それによる商表現も既約表現である．

(2) $\lambda \in \mathbb{Z}$ かつある $j \in \mathbb{Z}$ に対して $(\lambda+2j-1)^2 = \mu+1$ の時，分解は次の図のようになる．

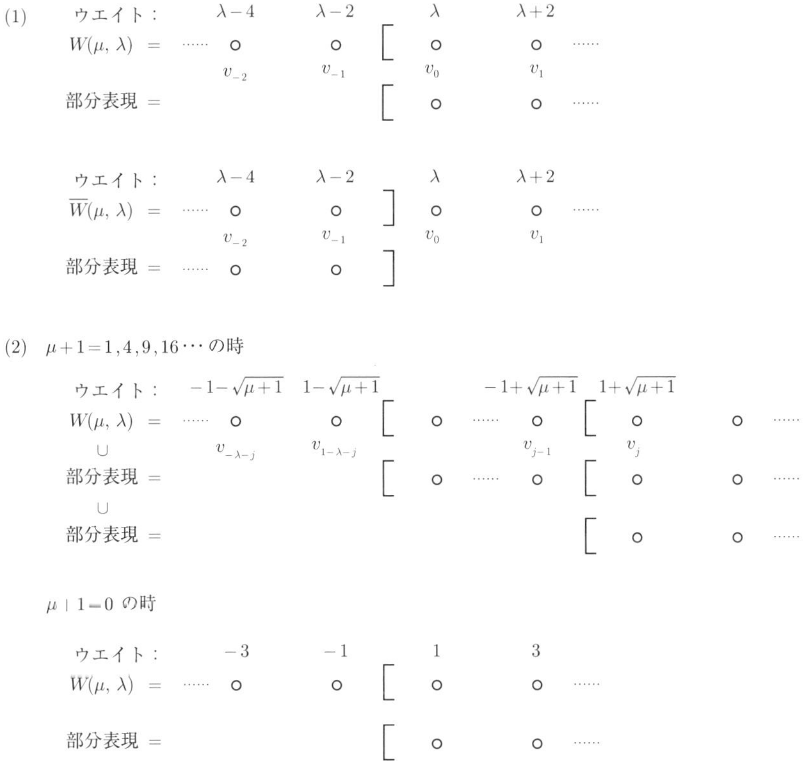

図 3.8 命題 3.3.7 のウェイトを表す図

命題 3.3.7 で $\mu+1 = (\lambda_0-1)^2$ の場合の標準表現 $W(\mu, \lambda_0) = W(\lambda_0^2-2\lambda_0, \lambda_0)$

は，$j = 0$ に対応した部分表現 $\oplus_{k=0} \mathbb{C} v_k$ をもつ．この部分表現を $W_0(\lambda_0^2 - 2\lambda_0, \lambda_0)$ と書く．$\lambda_0 \neq 0, -1, -2, \cdots$ の場合，この表現 $W_0(\lambda_0^2 - 2\lambda_2, \lambda_0)$ は補題 3.3.1 で定めた規約最低ウエイト表現 $\oplus_{k \in \mathbb{Z}_{\geq 0}} \mathbb{C} v_{\lambda_0+2k}$ と同型であり，さらに命題 3.3.3(1) の W^+ とも同型である．

以上の議論で得られた標準表現のデータをまとめておく．

定理 3.3.8 標準表現のウエイトの集合とカシミール元の値は，以下のようになる．

表現	ウエイト	カシミール元
$U(\nu^+, \nu^-)$	$\nu^+ - \nu^- + 2\mathbb{Z}$	$(\nu^+ + \nu^- - 1)^2 - 1$
$W(\mu, \lambda)$	$\lambda + 2\mathbb{Z}$	μ
$\overline{W}(\mu, \lambda)$	$\lambda + 2\mathbb{Z}$	μ

4 | ユニタリ内積の決定

　前の章で決定した既約ウエイト加群のうち，どれがユニタリ表現になるのかをこの章で決定し，既約ユニタリ表現の分類表を完成する．ウエイトが上下に有界でない場合が典型であり，その場合をまず扱う．これで主系列表現と補系列表現が分類できる．ウエイトが上または下に有界である場合は，離散系列表現やその極限を分類できる．

4.1 不変な内積

　まず，リー環 $\mathfrak{sl}_2(\mathbb{R})$ の表現がユニタリ内積をもつことの定義を与える．その定義はやや人工的で不自然にみえるが，$SL(2, \mathbb{R})$ と同型なリー群 $SU(1,1)$ の表現が不変な内積をもつことと同値であることを示し，自然な定義であることを説明する．

定義 4.1.1 $\langle \cdot, \cdot \rangle : V \times V \to \mathbb{C}$ が**半線形**（sesqui-linear）**形式**であるとは，$\langle w, v \rangle = \overline{\langle v, w \rangle}$ であり，全ての $w \in V$ に対して，$\langle \cdot, w \rangle : V \to \mathbb{C}$ が複素線形である時と定める．

　半線形形式が**エルミート内積**であるとは，正定値であること，すなわち，$\langle v, v \rangle \geq 0$ であり，$\langle v, v \rangle = 0$ ならば $v = 0$ である時にいう．

寄り道 4.1.2（写像）$\langle \cdot, w \rangle$ は，写像 $V \ni v \mapsto \langle v, w \rangle \in \mathbb{C}$ を表している．v という特定の文字を代入する代わりに，その空席には誰でも着席できる感じを表すために点を打って代用している．一方で，関数を表す時には $f(x)$ と書き，$f(\cdot)$ とは書かないことが多いが，関数とは本来は x という特定の文字の使用には依存しないはずのものである．プログラミング言語を学習するとそのことを

68 | 4. ユニタリ内積の決定

実感する.

定義 4.1.3 $\mathfrak{sl}_2$ 加群 V 上の半線形形式が不変であるとは,

$$\langle hv, w \rangle - \langle v, hw \rangle = 0, \tag{4.1}$$

$$\langle e^+ v, w \rangle + \langle v, e^- w \rangle = 0 \tag{4.2}$$

が全ての $v, w \in V$ に対して成り立つことと定める.

不変なエルミート内積をもつ表現を**ユニタリ表現**と呼ぶ.

この定義に表れている 2 条件は,次のような動機をもっている.

補題 4.1.4 $ih, e^+ + e^-, i(e^+ - e^-)$ は $\mathfrak{su}(1,1)$ の実線形空間としての基底となる.

証明 補題 1.5.1 の具体的な記述を利用する. $X \in M(2,\mathbb{C})$ に対して,$X^* I_{1,1} + I_{1,1} X = O$ と $X = \begin{pmatrix} a & b \\ \bar{b} & \bar{a} \end{pmatrix}$ かつ $a \in i\mathbb{R}$ は同値である. したがって,$(a,b) = (i,0), (0,1), (0,i)$ に対応する元は基底となる. $\square$

補題 4.1.5 エルミート内積 $\langle \cdot, \cdot \rangle$ に対して次は同値である.

(a) 任意の $v, w \in V$ ならびに $X \in \mathfrak{su}(1,1)$ に対して $\langle Xv, w \rangle + \langle v, Xw \rangle = 0$ が成り立つ.

(b) 任意の $v, w \in V$ に対して条件 (4.1), (4.2) が成り立つ.

証明 補題 4.1.4 より,条件 (a) は $X = ih, e^+ + e^-, i(e^+ - e^-)$ に対して条件 (a) が成り立つことと同値である. 半線形形式であることに注意して計算すると,

$$0 = \langle ihv, w \rangle + \langle v, ihw \rangle$$
$$= i\langle hv, w \rangle - i\langle v, hw \rangle, \tag{4.3}$$
$$0 = \langle (e^+ + e^-)v, w \rangle + \langle v, (e^+ + e^-)v \rangle$$
$$= \langle e^+ v, w \rangle + \langle e^- v, w \rangle + \langle v, e^+ w \rangle + \langle v, e^- w \rangle, \tag{4.4}$$
$$0 = \langle i(e^+ - e^-)v, w \rangle + \langle v, i(e^+ - e^-)w \rangle$$
$$= i(\langle e^+ v, w \rangle - \langle e^- v, w \rangle - \langle v, e^+ w \rangle + \langle v, e^- w \rangle). \tag{4.5}$$

したがって，(4.1) は (4.3) と同値である．また，(4.5) の $\pm i$ 倍を (4.4) に足したものはそれぞれ

$$\langle e^- v, w\rangle + \langle v, e^+ w\rangle = 0, \tag{4.6}$$

$$\langle e^+ v, w\rangle + \langle v, e^- w\rangle = 0 \tag{4.7}$$

となる．さらに，

$$\langle e^- v, w\rangle + \langle v, e^+ w\rangle = \overline{\langle w, e^- v\rangle + \langle e^+ w, v\rangle}$$

なので，(4.4) かつ (4.5) ⇔ (4.6) かつ (4.7) ⇔ (4.7) ⇔ (4.2) となる． □

補題 4.1.6 エルミート内積 $\langle \cdot, \cdot \rangle$ に対して次の 2 条件は同値である．

(1) 任意の $v, w \in V$ ならびに $g \in SU(1,1)$ に対して $\langle gv, gw\rangle = \langle v, w\rangle$ が成り立つ．

(2) 任意の $v, w \in V$ ならびに $X \in \mathfrak{su}(1,1)$, に対して $\langle Xv, w\rangle + \langle v, Xw\rangle = 0$ が成り立つ．

証明 (1) ⇒ (2) の証明．$X \in \mathfrak{su}(1,1)$ とする．$g = I_2 + \varepsilon X \in G$ に対して，条件 (1) を書くと

$$\begin{aligned}
\langle v, w\rangle &= \langle gv, gw\rangle \\
&= \langle (I_2 + \varepsilon X)v, (I_2 + \varepsilon X)w\rangle \\
&= \langle v, w\rangle + \varepsilon\langle Xv, w\rangle + \varepsilon\langle v, Xw\rangle + \varepsilon^2\langle v, w\rangle
\end{aligned}$$

なので，$\varepsilon^2 = 0$ を用いて最後の項を消去すると，条件 (2) が得られる．

(2) ⇒ (1) の証明．$v, w \in V$ を固定する．

$$G' := \{g \in SU(1,1) \mid \langle gv, gw\rangle = \langle v, w\rangle\}$$

と定義すると，G' は $SU(1,1)$ の部分群である．G' が $SU(1,1)$ の原点のある近傍を含むことを示そう．$X \in \mathfrak{su}(1,1)$ を一つ固定し，$t \in \mathbb{R}$ に対して

$$\varphi(t) := \langle \exp(tX)v, \exp(tX)w\rangle$$

と $\varphi : \mathbb{R} \to \mathbb{R}$ を定義すると，

$$\varphi'(t) = \langle X\exp(tX)v, \exp(tX)w\rangle + \langle \exp(tX)v, X\exp(tX)w\rangle = 0$$

となるので，$\varphi(t) = \varphi(0)$ である．すなわち，$\exp(tX) \in G'$ となる．これより，$K, A, N \subset G'$ が得られ，G' が群であることから，岩澤分解を用いて $G = KAN \subset G'$ がわかる．したがって，$G' = G = SU(1,1)$ となり (1) が示された． □

4.2 主系列表現と補系列表現

以上の準備のもとに，まず，既約な標準表現がユニタリ表現になるための条件を求める．まずは，準備のための補題をいくつか述べる．

補題 4.2.1 既約ユニタリ表現 V のウエイト $\lambda, \lambda' \in \mathbb{C}$ のウエイトベクトル $v, v' \in V$ が $\langle v, v' \rangle \neq 0$ を満たすとする．この時，$\lambda = \overline{\lambda'}$ である．

証明

$$0 = \langle hv, v' \rangle - \langle v, hv' \rangle = \lambda \langle v, v' \rangle - \overline{\lambda'} \langle v, v' \rangle$$

より従う． □

補題 4.2.2 $U(\nu^+, \nu^-)$ が既約であるとする．この時，0 ではない不変な半線形形式は $\mathbb{R}^\times$ 倍を除いて一意である．すなわち $\langle \cdot, \cdot \rangle$, $\langle \cdot, \cdot \rangle'$ を 0 ではない不変な半線形形式とした時，ある $0 \neq c \in \mathbb{R}$ が存在して，全ての $v, w \in U(\nu^+, \nu^-)$ に対して $\langle v, w \rangle' = c \langle v, w \rangle$ となる．

証明 $V = U(\nu^+, \nu^-)$ と略記する．$\langle \cdot, \cdot \rangle$ は 0 ではないと仮定しているので，$\langle v_j, v_k \rangle \neq 0$ となるようなウエイトベクトル $v_j, v_k \in V$ が存在するので，そのようなものを一組選んで固定する．$c := \langle v_j, v_k \rangle' / \langle v_j, v_k \rangle$ と定める．

$$V' := \{ v \in V \mid \text{任意の } w \in V \text{ に対して } \langle v, w \rangle' = c \langle v, w \rangle \}$$

と定める．まず，$v_j \in V'$ であることを示す．V は線形空間として v_k と $i \in \mathbb{Z}_{>0}$ であるような $w = (e^+)^i v_k, (e^-)^i v_k$ で生成されている．上の補題を利用してウエイトをみることで $i > 0$ の場合の不変内積は 0 になることがわかる：

$$\langle v_j, (e^+)^i v_k \rangle = 0, \quad \langle v_j, (e^-)^i v_k \rangle = 0.$$

したがって，定数 c の定め方から，$v_j \in V$ である．次に，V' が V の部分表現であることを示す．$v \in V'$ であれば，$e^+ v \in V', e^- v \in V'$ であることを示せばよい．これは，

$$\langle e^+ v, w \rangle' = -\langle v, e^- w \rangle'$$
$$= -c \langle v, e^- w \rangle$$
$$= c \langle e^+ v, w \rangle$$

のように不変性を用いて示すことができる．V は既約であるから，部分表現 $V' \neq \{0\}$ は $V' = V$ となる．以上で主張は証明できた． $\square$

以下，この節では $U(\nu^+, \nu^-)$ が既約であるとする．この時，条件 (4.2) は

$$\langle e^+ v_j, v_{j+1} \rangle + \langle v_j, e^- v_{j+1} \rangle = 0,$$

つまり，

$$(\nu^+ + j)\langle v_{j+1}, v_{j+1} \rangle + \overline{\nu^- - j - 1}\langle v_j, v_j \rangle = 0$$

となる．$\langle v_j, v_j \rangle, \langle v_{j+1}, v_{j+1} \rangle$ はともに正なので，上の条件は，

$$\frac{j + 1 - \overline{\nu^-}}{j + \nu^+} > 0 \quad (j \in \mathbb{Z}) \tag{4.8}$$

となる．この条件を満たすようなパラメータを決定する．

命題 4.2.3 $\nu^+, \nu^- \in \mathbb{C}$ が $\nu^+ \notin \mathbb{Z}, \nu^- \notin \mathbb{Z}$ を満たすとする．この時，条件 (4.8) が成立するための必要十分条件は，次のいずれかの条件が成り立つことである．

・$\nu^+ + \overline{\nu^-} = 1$，

または

・ν^+, ν^- が実数であり，しかも，ν^+ と $1 - \nu^-$ の整数部分は等しい．

証明 条件 (4.8) は

$$\frac{\nu^+ + \overline{\nu^-} - 1}{\nu^+ + j} < 1 \quad (j \in \mathbb{Z}) \tag{4.9}$$

である．まず，$\nu^+ + \overline{\nu^-} - 1 = 0$ の場合は (4.9) の左辺は j によらずに 0 となるので成立する．そこで以下，$\nu^+ + \overline{\nu^-} - 1 \neq 0$ とする．逆数を考えると，

72 | 4. ユニタリ内積の決定

$$\frac{\nu^+ + j}{\nu^+ + \overline{\nu^-} - 1} \in (-\infty, 0) \cup (1, \infty). \tag{4.10}$$

$j = 0, 1$ に対してこれらの値が実数であることから, $\nu^+ + j, \nu^+ + \overline{\nu^-} - 1$ は
ともに実数である. 特に ν^+, ν^- はともに実数となる. ν^+ の整数部分を $l \in \mathbb{Z}$
とする. すなわち, $l < \nu^+ < l+1$ とする. 条件 (4.8) の分母は, $j \geq -l$ の時
に正, $j \leq -l - 1$ の時に負である. したがって条件 (4.8) が成り立つ必要十分
条件は, $j + 1 - \nu^-$ も $j \geq -l$ の時に正, $j \leq -l - 1$ の時に負, となる. これ
は $l < 1 - \nu^- < l+1$ を意味する. □

注意 4.2.4 当然のことながら, 標準表現の同型 (補題 3.2.8) を与えるパラメー
タの変更 $(\nu^+, \nu^-) \mapsto (\nu^+ + 1, \nu^- - 1)$ に対して, それぞれの条件は保たれて
いる.

それぞれの場合に不変エルミート内積であることを確認する.

定義 4.2.5 $\nu^+ + \overline{\nu^-} = 1$ の時, 全ての $j \in \mathbb{Z}$ に対して (4.8) の値は 1 であり,
$\langle v_j, v_j \rangle = \langle v_{j+1}, v_{j+1} \rangle$ である. 特に $\nu^+ \notin \mathbb{Z}$ に対して $U(\nu^+, 1 - \overline{\nu^+})$ は既約
ユニタリ表現である. これを**ユニタリ主系列表現**と呼ぶ.

補題 4.2.6 ν^+, ν^- が実数であり, しかも,

ある $l \in \mathbb{Z}$ が存在して, $l - 1 < \nu^- - 1 < l$ かつ $l - 1 < -\nu^+ < l$

となるとする. この時不変な半線形形式はエルミートである.

証明 $0 < \nu^+ + l < 1$ かつ $0 < 1 - \nu^- + l < 1$ なので分数式 $(\nu^+ + j)/(1 - \nu^- + j)$
は $j \geq l$ であれば分母分子とも正であり, $j \leq l - 1$ であれば分母分子とも負で
あるので (4.8) が成り立つ. また, 条件より, ν^+, ν^- はどちらも整数ではない
ので, $U(\nu^+, \nu^-)$ は既約表現である. □

これを**補系列表現**と呼ぶ. ただし, $\nu^+ + \nu^- = 1$ の時は主系列表現なので,
補系列表現から除外する.

4.3 普遍被覆群のユニタリ表現

普遍被覆群の表現のパラメータの意味と，その中で $SL(2,\mathbb{R})$ の表現のパラメータ（ウエイトが $\mathbb{Z}$ の部分集合となるパラメータ）がどのように埋め込まれているかを考察する.

まず，主系列表現のパラメータを吟味する. 当然のことながら，リー環の表現の同型（補題 3.2.8）を導くパラメータの変換 $(\nu^+,\nu^-) \mapsto (\nu^++1,\nu^--1)$ によって，ユニタリ性の条件 $\nu^+ + \overline{\nu^-} = 1$ は保たれている. したがって $\mathrm{Re}(\nu^+) \in [0,1)$ と選んでも構わない. また，ウエイトの集合 $\nu^+ - \nu^- + 2\mathbb{Z} = \nu^+ - (1-\overline{\nu^+}) + 2\mathbb{Z} = 2\,\mathrm{Re}(\nu^+) - 1 + 2\mathbb{Z} \subset \mathbb{R}$ である. 特に $\mathrm{Re}(\nu^+) = 1/2$ の時，ウエイトの集合は偶数全体であり，$\mathrm{Re}(\nu^+) = 0$ の時，ウエイトの集合は奇数全体である. 逆に，ウエイトの集合が整数の部分集合となるのは，これらの場合に限られる. この事実は，普遍被覆群の表現のパラメータから $SL(2,\mathbb{R})$ の表現のパラメータを選び出す際に用いる. また，$\nu^+ + \overline{\nu^-} = 1$ かつ $\nu^\pm \in \mathbb{R}$ の場合は，$\nu^+ + \nu^- = 1$ となり，この場合は標準表現 $U(\nu^+,\nu^-)$ は直既約ではない（補題 3.2.12）のだった.

次に，補系列表現のパラメータを吟味する. リー環の表現の同型（補題 3.2.8）を導くパラメータの変換 $(\nu^+,\nu^-) \mapsto (\nu^+ + 1, \nu^- - 1)$ によって $l = 0$ と選ぶことができる. この時，上の条件は $0 < \nu^+ < 1, 0 < \nu^- < 1$ となる. ウエイトの集合 $\nu^+ - \nu^- + 2\mathbb{Z} \subset \mathbb{R}$ である. 特に $\nu^+ = \nu^-$ の時，ウエイトの集合は偶数全体である. $-1 < \nu^+ - \nu^- < 1$ なので，ウエイトの集合は奇数全体となることはできない. 逆にウエイトの集合が整数の部分集合となるのはこの場合に限られる.

カシミール元 $C = 4e^+e^- + h(h-2)$ の標準表現の元 $v_j \in U(\nu^+,\nu^-)$ への作用を計算すると，

$$
\begin{aligned}
Cv_j &= 4b(j-1)c(j)v_j + a(j)(a(j) - 2)v_j \\
&= \{4(\nu^+ + j - 1)(\nu^- - j) + (\nu^+ - \nu^- + 2j)(\nu^+ - \nu^- + 2j - 2)\}v_j \\
&= \{(\nu^+ + \nu^- - 1)^2 - 1\}v_j
\end{aligned}
$$

となり，期待通り j によらないスカラーとなる.

74 | 4. ユニタリ内積の決定

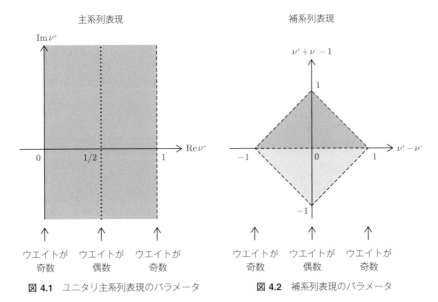

図 4.1 ユニタリ主系列表現のパラメータ　　**図 4.2** 補系列表現のパラメータ

寄り道 4.3.1（期待）　既約表現に対してはシューアの補題より，カシミール元の作用はスカラーになる．しかし，標準表現はパラメータによっては可約だったので，カシミール元がスカラーで作用するという性質が成り立つかどうかは，シューアの補題からはわからないが，表現の族がパラメータに多項式的に依存するように定義されているので，可約な場合にもその性質が引き続き成り立つと期待したのである．

特に，ユニタリ主系列表現の場合は，この値

$$C = (\nu^+ - \overline{\nu^+})^2 - 1 = (2i\,\mathrm{Im}(\nu^+))^2 - 1 = -4(\mathrm{Im}(\nu^+))^2 - 1$$

は -1 以下の実数である．補系列表現の場合は，

$$C = (\nu^+ + \nu^- - 1)^2 - 1$$

は $-1 < C < 0$ の範囲の実数である．このようにいずれの場合もカシミール元の値は実数であり，-1 よりも大きいか小さいかで場合が綺麗に分かれている．

以上をまとめると主系列表現の実質的なパラメータは一つの複素数 $\nu^+ \in \mathbb{C}$ であり，実部がウエイトを記述し，虚部がスペクトルを記述している．補系列表現は二つの実数でパラメータづけされていて，差がウエイトを記述し，和が

スペクトルを記述している.

4.4 ユニタリ最高ウエイト表現（離散系列表現）の分類

3.3 節の記号を用いる. 不変な内積 $\langle \cdot, \cdot \rangle$ に対して

$$
\begin{aligned}
\langle v_{\lambda_0+2j+2}, v_{\lambda_0+2j+2} \rangle &= \langle e^+ v_{\lambda_0+2j}, v_{\lambda_0+2j+2} \rangle \\
&= -\langle v_{\lambda_0+2j}, e^- v_{\lambda_0+2j+2} \rangle \\
&= -\langle v_{\lambda_0+2j}, -(\lambda_0+j)(j+1) v_{\lambda_0+2j} \rangle \\
&= (\overline{\lambda_0}+j)(j+1) \langle v_{\lambda_0+2j}, v_{\lambda_0+2j} \rangle
\end{aligned}
$$

が成り立つ. したがって,

$$(\overline{\lambda_0}+j)(j+1) > 0 \quad j = 0, 1, 2, \ldots, \tag{4.11}$$

となることとユニタリ表現であることが同値である. ここで場合を分ける. $v_{\lambda_0} \neq 0$ かつ $v_{\lambda_0+2} = 0$ の場合には, V は 1 次元線形空間であり, ユニタリ表現になる. $v_{\lambda_0} \neq 0$ かつ $v_{\lambda_0+2} \neq 0$ であれば, $j = 0$ の時の条件から, $\overline{\lambda_0} > 0$ という必要条件が導かれる. 逆にその時, 全ての $j > 0$ に対して, (4.11) が成り立つ. したがって, $\lambda_0 > 0$ がユニタリ表現であることの必要十分条件となる. 以上をまとめる.

命題 4.4.1 最高ウエイトが $\lambda_0 \in \mathbb{C}$ の既約最高ウエイト表現がユニタリ表現になるための必要十分条件は, $\lambda_0 \geq 0$ である. $\lambda_0 = 0$ の時は 1 次元表現（自明表現）であり, $\lambda_0 > 0$ の時は無限次元表現である.

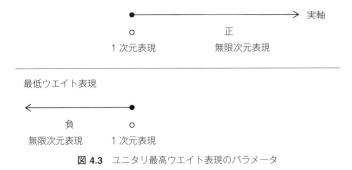

図 4.3 ユニタリ最高ウエイト表現のパラメータ

定理 4.4.2 既約ユニタリ表現のリストを挙げる.

表現	記号	条件
主系列表現	$U(\nu^+, 1 - \overline{\nu^+})$	$\nu^+ \in (\mathbb{C} \setminus \mathbb{Z})/\mathbb{Z}$
補系列表現	$U(\nu^+, \nu^-)$	$[\nu^+] = [\nu^-], \nu^\pm \in (\mathbb{R} \setminus \mathbb{Z})/\mathbb{Z}$
正則離散系列表現	$W_0(\lambda^2 - 2\lambda, \lambda)$	$\lambda > 1$
正則離散系列表現の極限	$W_0(\lambda^2 - 2\lambda, \lambda)$	$\lambda = 1$
正則擬離散系列表現	$W_0(\lambda^2 - 2\lambda, \lambda)$	$0 < \lambda < 1$
反正則離散系列表現	$\overline{W}_0(\lambda^2 + 2\lambda, \lambda)$	$\lambda < -1$
反正則離散系列表現の極限	$\overline{W}_0(\lambda^2 + 2\lambda, \lambda)$	$\lambda = -1$
反正則擬離散系列表現	$\overline{W}_0(\lambda^2 + 2\lambda, \lambda)$	$-1 < \lambda < 0$
自明表現	$\mathbb{C}$	なし

表現	ウエイト	カシミール元 C とその範囲
主系列表現	$2\mathrm{Re}\,\nu^+ - 1 + 2\mathbb{Z}$	$-4(\mathrm{Im}\,\nu^+)^2 - 1 \in (-\infty, -1)$
補系列表現	$\nu^+ - \nu^- + 2\mathbb{Z}$	$(\nu^+ + \nu^- - 1)^2 - 1 \in (-1, 0)$
正則離散系列表現	$\lambda + 2\mathbb{Z}_{\geq 0}$	$(\lambda - 1)^2 - 1 \in (-1, \infty)$
正則離散系列表現の極限	$\lambda + 2\mathbb{Z}_{\geq 0}$	$(\lambda - 1)^2 - 1 = -1$
正則擬離散系列表現	$\lambda + 2\mathbb{Z}_{\geq 0}$	$(\lambda - 1)^2 - 1 = (-1, 0)$
反正則離散系列表現	$\lambda + 2\mathbb{Z}_{\leq 0}$	$(\lambda + 1)^2 - 1 \in (-1, \infty)$
反正則離散系列表現の極限	$\lambda + 2\mathbb{Z}_{\leq 0}$	$(\lambda + 1)^2 - 1 = -1$
反正則擬離散系列表現	$\lambda + 2\mathbb{Z}_{\leq 0}$	$(\lambda + 1)^2 - 1 \in (-1, 0)$
自明表現	$\{0\}$	0

このうち，ウエイトの集合が $\mathbb{Z}$ の部分集合となるものの部分リストは次のようになる．

表現	記号	条件	ウエイト
球主系列表現	$U(\nu^+, \nu^+)$	$\nu^+ \in \frac{1}{2} + i\mathbb{R}$	$2\mathbb{Z}$
非球主系列表現	$U(\nu^+, 1+\nu^+)$	$\nu^+ \in i\mathbb{R}, \nu^+ \neq 0$	$1 + 2\mathbb{Z}$
補系列表現	$U(\nu^+, \nu^+)$	$0 < \nu^+ < 1$	$2\mathbb{Z}$
正則離散系列表現	$W_0(\lambda^2 - 2\lambda, \lambda)$	$\lambda = 2, 3, \ldots$	$\lambda + 2\mathbb{Z}_{\geq 0}$
正則離散系列表現の極限	$W_0(\lambda^2 - 2\lambda, \lambda)$	$\lambda = 1$	$\lambda + 2\mathbb{Z}_{\geq 0}$
反正則離散系列表現	$\overline{W}_0(\lambda^2 + 2\lambda, \lambda)$	$\lambda = -2, -3, \ldots$	$\lambda + 2\mathbb{Z}_{\leq 0}$
反正則離散系列表現の極限	$\overline{W}_0(\lambda^2 + 2\lambda, \lambda)$	$\lambda = -1$	$\lambda + 2\mathbb{Z}_{\leq 0}$
自明表現	$\mathbb{C}$	なし	$\{0\}$

4.5　既約ユニタリ表現の不変内積

上で分類された既約ユニタリ表現は自明表現を除いて全て無限次元である．これらは無限次元の**ヒルベルト空間**上で実現されている．その実現をそれぞれの場合に記述する．

ここで，ヒルベルト空間について短く補足する．$\mathbb{R}$ や $\mathbb{C}$ は完備である，すなわち，任意のコーシー列は必ず収束するという性質をもっていた．これの自然な拡張として，有限次元の内積空間は必ず完備である．しかし，無限次元の内積空間は完備とは限らない．そこで内積空間で完備なものをヒルベルト空間と定義する．微積分を実数体の上で展開するのと同様に，収束性を用いた議論が容易に展開できる合理的な受け皿がヒルベルト空間だと考えるとよい．この本では詳しい性質は議論しないが，詳しく知りたい読者は，[17] p.273, section 7.2, 図 7.2 を参照するとよい．

4.5.1　主系列表現

主系列表現は等質空間 G/B 上の直線束の大域切断の全体として定義されるものであるが，G/B ではなく G/N 上の関数空間の部分空間として実現することもできる．そこで，まず，等質空間 G/N を $\mathbb{R}^2 \setminus \{0\}$ と同一視することか

78 | 4. ユニタリ内積の決定

ら始める.

補題 4.5.1 $GL(2,\mathbb{R})$ の $\mathbb{R}^2$ への自然な作用を考える. 部分群 $G = SL(2,\mathbb{R})$ は $\mathbb{R}^2 \setminus \{0\}$ に推移的に作用する. 1 点 $\begin{pmatrix} 1 \\ 0 \end{pmatrix}$ の固定部分群は AN である.

証明 $\begin{pmatrix} a \\ c \end{pmatrix} \in \mathbb{R}^2 \setminus \{0\}$ に対して, $g = \begin{pmatrix} a & b \\ c & d \end{pmatrix} \in SL(2,\mathbb{R})$ が存在する. この時, $\begin{pmatrix} a \\ c \end{pmatrix} = g\begin{pmatrix} 1 \\ 0 \end{pmatrix}$ であるので, 作用は推移的である.

$g = \begin{pmatrix} a & b \\ c & d \end{pmatrix} \in SL(2,\mathbb{R})$ が $\begin{pmatrix} 1 \\ 0 \end{pmatrix}$ を固定する必要十分条件は $a = 1, c = 0$ であり, この時, $d = 1$ でもある. したがって, $g \in N$ となる. □

なお, この空間 G/N を**基本的アフィン空間**（basic affine space）と呼ぶことがある. 次の補題は主系列表現のパラメータ空間の意味づけを与える.

補題 4.5.2 $\nu \in \mathbb{C}$ と $x \in \mathbb{R}^\times$ に対して,

$$\pi_{+,\nu}(x) = |x|^\nu,$$
$$\pi_{-,\nu}(x) = \mathrm{sgn}(x)|x|^\nu$$

と定めると $\pi_{\pm,\nu} : \mathbb{R}^\times \to \mathbb{C}^\times$ は $\mathbb{R}^\times$ の 1 次元連続表現となる. 逆に $\mathbb{R}^\times$ の 1 次元連続表現はこれらに限られる.

証明 $\mathbb{R}^\times$ が二つの部分群 $\mathbb{R}_+$ と $\{1,-1\}$ の直積群であることを利用する. また, $\mathbb{R}_+$ は指数写像と対数写像によって加法群 $\mathbb{R}$ と同型であることにも注意する. 加法群 $\mathbb{R}$ の連続表現は, ある複素数を用いて $e^{\nu t}$ と書き表すことができる. $x \in \mathbb{R}_+$ に対して $x = e^t$ より, $e^{\nu t} = x^\nu$ である. また, 位数 2 の群の表現は自明なものと sgn の二つである. これらを組み合わせたものが $\pi_{\pm,\nu}$ である. □

MA は $\mathbb{R}^\times$ とリー群として同型なので, これら $\pi_{\pm,\nu}$ は MA の 1 次元連続表現を記述していることにもなっている. 以上の準備のもとに $SL(2,\mathbb{R})$ の表現の表現空間を定義する.

定義 4.5.3 $C^\infty(G/N) = C^\infty(\mathbb{R}^2 \setminus \{0\})$ の部分空間を

$$W_{+,\nu} := \{f \in C^\infty(\mathbb{R}^2 \setminus \{0\}) \mid f(tx) = \pi_{+,\nu}(t)f(x), \forall t \in \mathbb{R}^\times\},$$

$$W_{-,\nu} := \{f \in C^\infty(\mathbb{R}^2 \setminus \{0\}) \mid f(tx) = \pi_{-,\nu}(t)f(x), \forall t \in \mathbb{R}^\times\}$$

と定める．これらは部分表現になっている．

　進んだ教科書などでは，これら $W_{\pm,\nu}$ は $G/P = G/MAN$ 上の直線束の C^∞ 切断の全体，という言葉で紹介されることがある．それらを平易な言葉で書き直したものが上記の定義である．$f \in W_{\pm,\nu}$ への $g \in G$ の作用を

$$(U(g)f)(x) = f(g^{-1}x)$$

で定めると U は G の表現になる．ユニタリ内積は

$$\|f\|^2 = \int_{-\infty}^\infty |f(t,1)|^2 \, dt$$

で定義されるものである．実際，$f \in W_{\pm,\nu}$ に対して，

$$f(x) = \pi_{\pm,\nu}(x_2)f(x_1/x_2, 1),$$

$$\begin{aligned}
(U(g)f)(x) &= f(dx_1 - bx_2, -cx_1 + ax_2) \\
&= \pi_{\pm,\nu}(-cx_1 + ax_2)f\left(\frac{dx_1 - bx_2}{-cx_1 + ax_2}, 1\right) \\
&= \pi_{\pm,\nu}(-cx_1/x_2 + a)\pi_{\pm,\nu}(x_2)f\left(\frac{dx_1/x_2 - b}{-cx_1/x_2 + a}, 1\right)
\end{aligned}$$

を $F(x) = f(x,1)$ への作用 $F \mapsto U(g)F$ として書くと，

$$(U(g)F)(x) = \pi_{\pm,\nu}(-cx + a)F((dx - b)/(-cx + a))$$

となる．

　これらを前の章の $U(\nu^+, \nu^-)$ と同定するために，h の作用に関するウエイトとウエイトベクトルを求める．$g = \exp(te^+) = \begin{pmatrix} 1 & t \\ 0 & 1 \end{pmatrix}$ の場合は

$$(U(g)F)(x) = \pi_{\pm,\nu}(1)F(x - t) = F(x - t),$$

$$(dU(e^+)F)(x) = \left.\frac{d}{dt}F(x - t)\right|_{t=0} = -F'(x) = -\frac{d}{dx}F(x),$$

$g = \exp(th) = \begin{pmatrix} e^t & 0 \\ 0 & e^{-t} \end{pmatrix}$ の場合は

$$(U(g)F)(x) = \pi_{\pm,\nu}(e^t)F(e^{-2t}x) = e^{\nu t}F(e^{-2t}x),$$

$$(dU(h)F)(x) = \left. \frac{d}{dt} e^{\nu t} F(e^{-2t}x) \right|_{t=0}$$
$$= \left. -2e^{\nu t - 2t} F'(e^{-2t}x) + \nu e^{\nu t} F(e^{-2t}x) \right|_{t=0}$$
$$= -2F'(x) + \nu F(x) = \left(-2\frac{d}{dx} + \nu \right) F(x),$$

そして $g = \exp(te^-)$ の場合は,

$$(U(g)F)(x) = \pi_{\pm,\nu}(1-tx)F(x/(1-tx)) = (1-tx)^\nu F(x/(1-tx)),$$
$$(dU(h)F)(x) = \left. \frac{d}{dt}(1-tx)^\nu F(x/(1-tx)) \right|_{t=0}$$
$$= \left. x^2(1-tx)^{\nu-2} F'(x/(1-tx)) - \nu x(1-tx)^{\nu-1} F(x/(1-tx)) \right|_{t=0}$$
$$= x^2 F'(x) - \nu x F(x) = \left(x^2 \frac{d}{dx} - \nu x \right) F(x)$$

となる. 結果をまとめると,

補題 4.5.4 主系列表現 $\pi_{\nu,\pm}$ の微分表現は

$$dU(e^+) = -\frac{d}{dx}, \quad dU(h) = -2x\frac{d}{dx} + \nu, \quad dU(e^-) = x^2\frac{d}{dx} - \nu x \quad (4.12)$$

で与えられる.

これらの微分作用素のローラン多項式の全体 $\mathbb{C}[x, x^{-1}]$ への作用は第3章で扱った標準表現になる.

補題 4.5.5 $v_j = x^{-j}$ と置くと, 上で定めた dU は, パラメータ $(\nu^+, \nu^-) = (0, -\nu)$ に対応した標準表現 $U(0, -\nu)$ に一致する.

証明

$$dU(e^+)x^{-j} = jx^{-j-1},$$
$$dU(h)x^{-j} = (2j+\nu)x^{-j-1},$$
$$dU(e^-)x^{-j} = (-j-\nu)x^{-j+1}$$

から従う. $\square$

さらにパラメータが一般の場合はより一般の標準表現が得られる.

補題 4.5.6 $v_j = x^{-\nu^+ - j}$ と置き, $\nu = -(\nu^+ + \nu^-)$ とする. この時, 上で定めた dU は, パラメータ (ν^+, ν^-) に対応した標準表現 $U(\nu^+, \nu^-)$ に一致する.

証明

$$dU(e^+)x^{-\nu^+ - j} = (j + \nu^+)x^{-\nu^+ - j - 1},$$

$$dU(h)x^{-\nu^+ - j} = (2j + 2\nu^+ + \nu)x^{-\nu^+ - j - 1} = (2j + \nu^+ - \nu^-)x^{-\nu^+ - j - 1},$$

$$dU(e^-)x^{-\nu^+ - j} = (-\nu^+ - j - \nu)x^{-\nu^+ - j + 1} = (\nu^- - j)x^{-\nu^+ - j + 1}$$

から従う. □

これによって, ここで導入した主系列表現 π_ν の微分表現は標準表現であることが示された.

4.5.2 補系列表現

主系列表現と補系列表現は表現のパラメータは異なるものの, リー環 $\mathfrak{sl}_2$ の作用は同じ式で定義されている. したがって, h–半単純表現としては, 同じ標準表現 $U(\nu^+, \nu^-)$ の系統に属しているようにみえる. 両者の顕著な相違点は, ユニタリ内積が異なるという点である. 補系列表現のユニタリ内積をいきなり定義せずに導出してみよう.

補題 4.5.7 関数 K を用いて, $[0, 2\pi]$ 上の関数 $f(\theta), g(\theta)$ の内積が

$$\langle f, g \rangle := \int_0^{2\pi} \int_0^{2\pi} f(\theta)\overline{g(\phi)}K(\theta - \phi)\frac{d\theta}{2\pi}\frac{d\phi}{2\pi}$$

と与えられていたとする. この時, $v_j := e^{i(2j + \nu^+ - \nu^-)\theta/2}$ に対して, $j \neq k$ であれば, $\langle v_j, v_k \rangle = 0$ であり, $j = k$ の時は,

$$\langle v_j, v_j \rangle = \int_0^{2\pi} e^{i(2j + \nu^+ - \nu^-)\theta/2}K(\theta)\frac{d\theta}{2\pi}$$

となる.

証明

$$\langle v_j, v_k \rangle = \int_0^{2\pi} \int_0^{2\pi} e^{i(2j + \nu^+ - \nu^-)\theta/2}e^{-i(2k + \nu^+ - \nu^-)\phi/2}K(\theta - \phi)\frac{d\theta}{2\pi}\frac{d\phi}{2\pi}$$

$$= \int_0^{2\pi} \int_0^{2\pi} e^{i(j + k + \nu^+ - \nu^-)(\theta - \phi)/2}e^{i(j - k)(\theta + \phi)/2}K(\theta - \phi)\frac{d\theta}{2\pi}\frac{d\phi}{2\pi}$$

82 | 4. ユニタリ内積の決定

$$
= \int_0^{2\pi} \int_0^{2\pi} e^{i(j+k+\nu^+ - \nu^-)\theta/2} e^{i(j-k)\phi/2} K(\theta) \frac{d\theta}{2\pi} \frac{d\phi}{2\pi}
$$

$$
= \delta_{j,k} \int_0^{2\pi} e^{i(j+k+\nu^+ - \nu^-)\theta/2} K(\theta) \frac{d\theta}{2\pi}
$$

となる. □

補題 4.2.6 の漸化式

$$
(\nu^+ + j)\langle v_{j+1}, v_{j+1} \rangle = (j + 1 - \nu^-)\langle v_j, v_j \rangle
$$

を動機として次のような補題を準備する.

補題 4.5.8 補題 4.2.6 を満たす実数 ν^+, ν^- を固定する. ν^+, ν^- に依存する実数値関数 $K(\theta)$ が全ての整数 $j \in \mathbb{Z}$ に対して,

$$
(\nu^+ + j) \int_0^{2\pi} e^{i(2j+2+\nu^+ - \nu^-)\theta/2} K(\theta) \frac{d\theta}{2\pi}
$$

$$
= (j + 1 - \nu^-) \int_0^{2\pi} e^{i(2j+\nu^+ - \nu^-)\theta/2} K(\theta) \frac{d\theta}{2\pi}
$$

を満たすとする. この時, 定数倍を除いて,

$$
K(\theta) = (1 - \cos\theta)^{(\nu^+ + \nu^- - 2)/2}
$$

となる.

証明

$$
0 = (\nu^+ + j) \int_0^{2\pi} e^{i(2j+2+\nu^+ - \nu^-)\theta/2} K(\theta) \frac{d\theta}{2\pi}
$$

$$
- (j + 1 - \nu^-) \int_0^{2\pi} e^{i(2j+\nu^+ - \nu^-)\theta/2} K(\theta) \frac{d\theta}{2\pi}
$$

$$
= \int_0^{2\pi} e^{i(2j+1+\nu^+ - \nu^-)\theta/2} \{ (\nu^+ + j)e^{i\theta/2} - (j + 1 - \nu^-)e^{-i\theta/2} \} K(\theta) \frac{d\theta}{2\pi}
$$

$$
= \int_0^{2\pi} e^{i(2j+1+\nu^+ - \nu^-)\theta/2} \left\{ (\nu^+ + \nu^- - 1)\cos\frac{\theta}{2} \right.
$$

$$
\left. + i(2j + 1 + \nu^+ - \nu^-)\sin\frac{\theta}{2} \right\} K(\theta) \frac{d\theta}{2\pi}
$$

$$
\begin{aligned}
&= \int_0^{2\pi} (\nu^+ + \nu^- - 1)e^{i(2j+1+\nu^+-\nu^-)\theta/2}K(\theta)\cos\frac{\theta}{2}\frac{d\theta}{2\pi} \\
&\quad + \int_0^{2\pi} 2\left(e^{i(2j+1+\nu^+-\nu^-)\theta/2}\right)' K(\theta)\sin\frac{\theta}{2}\frac{d\theta}{2\pi} \\
&= \int_0^{2\pi} (\nu^+ + \nu^- - 1)e^{i(2j+1+\nu^+-\nu^-)\theta/2}K(\theta)\cos\frac{\theta}{2}\frac{d\theta}{2\pi} \\
&\quad - \int_0^{2\pi} 2e^{i(2j+1+\nu^+-\nu^-)\theta/2}\left(K(\theta)\sin\frac{\theta}{2}\right)'\frac{d\theta}{2\pi} \\
&= \int_0^{2\pi} e^{i(2j+1+\nu^+-\nu^-)\theta/2}\left\{(\nu^+ + \nu^- - 1)K(\theta)\cos\frac{\theta}{2}\right. \\
&\quad\quad\quad\quad \left. -2\left(K(\theta)\sin\frac{\theta}{2}\right)'\right\}\frac{d\theta}{2\pi}
\end{aligned}
$$

となる．ここで五つ目の等号では部分積分を行った．この式が全ての $j \in \mathbb{Z}$ に対して成り立つ十分条件は

$$
(\nu^+ + \nu^- - 1)K(\theta)\cos\frac{\theta}{2} - 2\left(K(\theta)\sin\frac{\theta}{2}\right)' = 0
$$

である．これは K に関する1階の斉次線形常微分方程式であり，変数分離形でもある．したがって簡単に解くことができて，

$$
K(\theta) = (\text{定数倍})\left(\sin\frac{\theta}{2}\right)^{\nu^+ + \nu^- - 2} = (\text{定数倍})(1 - \cos\theta)^{(\nu^+ + \nu^- - 2)/2}
$$

となる． $\hspace{1em}\square$

これが補系列表現のユニタリ内積を与える核関数である．

寄り道 4.5.9（記号 K）　核関数（kernel function）を文字 K で書き表すことが多い．一方で，極大コンパクト部分群もドイツ語の Kompakt を由来として K と書く習慣であり，両者が同時に出てくる時には文字が重なる．リー群論では，特定の部分群に特定のアルファベットを割り当てるので，こういった重なりが生じて初学者には混乱の原因となるが，文脈で読み解くことが必要である．他にも，表現に π を用いつつ，三角関数を行列要素などとする場合に円周率としての π が登場するなどの事例がある．

なお，内積の決定には不要であるが，参考のために上記の積分値を書いておこう． $\nu = (\nu^+ + \nu^-)/2$ と略記する．

84 | 4. ユニタリ内積の決定

補題 4.5.10

$$\langle v_0, v_0 \rangle = \int_0^{2\pi} (1 - \cos\theta)^{\nu-1} \frac{d\theta}{2\pi} = 2^\nu \sqrt{\pi} \frac{\Gamma(\nu - 1/2)}{\Gamma(\nu)}.$$

証明 ベータ積分に帰着する.

$$\langle v_0, v_0 \rangle = 2 \int_0^\pi (1 - \cos\theta)^{\nu-1} \frac{d\theta}{2\pi} = \frac{2^\nu}{2\pi} \int_0^\pi \left(\sin^2 \frac{\theta}{2} \right)^{\nu-1} d\theta$$

$$= \frac{2^\nu}{2\pi} \int_0^1 x^{\nu-3/2} (1-x)^{-1/2} dx = \frac{2^\nu}{2\pi} B(\nu - 1/2, 1/2)$$

$$= \frac{2^\nu \sqrt{\pi}}{2\pi} \frac{\Gamma(\nu - 1/2)}{\Gamma(\nu)}. \qquad \qquad \square$$

ここでベータ関数をガンマ関数で表す公式

$$B(s,t) = \frac{\Gamma(s)\Gamma(t)}{\Gamma(s+t)} \tag{4.13}$$

と特殊値公式 $\Gamma(1/2) = \sqrt{\pi}$ を用いた. なお, (4.13) で $s = t = 1/2$ とすると $\Gamma(1/2)^2 = B(1/2, 1/2) = \int_0^\pi d\theta = \pi$ となり特殊値公式が得られる.

寄り道 4.5.11(ベータとガンマ) ベータ関数をガンマ関数で表す公式 (4.13) は通常, 2 次元の極座標への変数変換を用いて証明される. 特に $dx\,dy = r\,dr\,d\theta$ を用いる. しかし, 次のようにして導くこともできる.

$$\Gamma(s)\Gamma(t) = \int_0^\infty \int_0^\infty x^{s-1} e^{-x} y^{t-1} e^{-y} dy\,dx$$

$$= \int_0^\infty \int_x^\infty x^{s-1} (z - x)^{t-1} e^{-z} dz\,dx$$

$$= \int_0^\infty \int_0^z x^{s-1} (z - x)^{t-1} e^{-z} dx\,dz$$

$$= \int_0^\infty \int_0^1 (zu)^{s-1} (z - zu)^{t-1} e^{-z} z du\,dz$$

$$= \int_0^\infty \int_0^1 u^{s-1} (1-u)^{t-1} du z^{s+t-1} e^{-z} dz$$

$$= B(s,t)\Gamma(s+t).$$

ここで, 二つ目の等号で $z = x + y$, 四つ目の等号で $x = zu$ と変数変換した. 積分の順序交換(フビニの定理, 三つ目の等号)のみ高校の微積分を逸脱しているが, これは厳密な証明はともかく直観的には納得のいく変形といえるだろ

う. 他の変形は高校で学習した 1 変数の変数変換の範囲でこの公式を証明することができる. この証明方法は変形の帰結としてベータ関数 $B(s+t)$ が登場する由来を納得しやすいという利点もある.

4.5.3 離散系列表現とその極限

$n > 1$ とする. 上半平面 H_+ 上の正則関数 $f(z)$ で次の量

$$\|f\|^2 := \int\int_{H_+} |f(z)|^2 y^{n-2} dxdy$$

が有限になるものの全体を**ハーディ空間**という. この空間は $\{0\}$ ではない. 例えば, $(z+i)^{-n}$ はこの空間の元である. これは線形空間をなすことがわかる. さらに,

$$(U(g)f)(z) = (-bz+d)^{-n} f\left(\frac{az-c}{-bz+d}\right), \quad g = \begin{pmatrix} a & b \\ c & d \end{pmatrix}$$

と定める. 当たり前ではないが U が G の表現であることを確かめることができる. ケーリー変換 (1.5.2 項) を使うと, これらの事実を次のように, より見やすく表示することができる. $c = \frac{1}{\sqrt{2}} \begin{pmatrix} 1 & i \\ i & 1 \end{pmatrix}$ とする. $c \in SL(2, \mathbb{C})$ である.

$$SU(1,1) = \left\{ \begin{pmatrix} \alpha & \beta \\ \bar{\beta} & \bar{\alpha} \end{pmatrix} \middle| \alpha, \beta \in \mathbb{C}, \ |\alpha|^2 - |\beta|^2 = 1 \right\}$$

と定めれば, $cSU(1,1)c^{-1} = SL(2, \mathbb{R})$ となる. 上半空間の元 z に対して,

$$\zeta = c^{-1}z = \frac{z-i}{-iz+1}, \quad z = \frac{\zeta+i}{i\zeta+1}$$

と定めると, 単位円板の元 ζ と全単射に対応している. これを用いて, 単位円板上の正則関数 $F(\zeta)$ に対する $g \in SU(1,1)$ の作用を書くと,

$$(U(g))F(\zeta) = (-\beta\zeta + \bar{\alpha})^{-n} F\left(\frac{\alpha\zeta - \bar{\beta}}{-\beta\zeta + \bar{\alpha}}\right)$$

と書き換えることができる.

$$K = \left\{ \begin{pmatrix} e^{i\theta} & 0 \\ 0 & e^{-i\theta} \end{pmatrix} \middle| \theta \in [0, 2\pi) \right\}$$

と定義すると, $g \in K$ に対する作用は

$$(U(g)F)(\zeta) = e^{in\theta}F(e^{2i\theta}\zeta)$$

と簡単になる．特に，単項式 $F_j(\zeta) = \zeta^j$ の場合は，

$$(U(g)F_j)(\zeta) = e^{i(n+2j)\theta}F_j(\zeta) \tag{4.14}$$

と固有ベクトルになっている．ノルムにあたる式は

$$\|F_j\|^2 = \int_{|\zeta|<1} |F_j(\zeta)|^2 (1-|\zeta|^2)^{n-2} d\zeta d\bar{\zeta}$$

となる．単項式の場合に極座標を用いてこれを計算すると，

$$\|F_j\|^2 = \int_0^{2\pi}\int_0^1 r^{2j}(1-r^2)^{n-2} r dr\, d\theta = \pi \int_0^1 t^j(1-t)^{n-2}dt$$

$$= \pi B(j+1, n-1) = \pi\frac{\Gamma(j+1)\Gamma(n-1)}{\Gamma(j+n)} = \pi\frac{j!(n-2)!}{(j+n-1)!}$$

となり，$n > 1$ の時，有限である．一方で $n = 1$ の時にはこれらの値は発散しているので，このままでは意味がつかず，ノルムの定義を変更する必要がある．すなわち，

$$(n-1)\|F_j\|^2 = \pi\frac{j!(n-1)!}{(j+n-1)!} \longrightarrow \pi \qquad (n \to 1) \tag{4.15}$$

とすると，極限値は有限になる．この時の表現が**離散系列表現の極限** (limit of discrete series representation) と呼ばれるものである．

一方，補題 3.2.12 を 3.3 節の記号で表すと，$\nu^+ \in \mathbb{Z}$ の時，

$$U(\nu^+, 1-\nu^+) = \overline{W}_0(-1, -1) \oplus W_0(-1, 1)$$

であった．定義 4.2.5 では，$\nu^+ \in \mathbb{Z}$ の場合を除外しているが，それは $\nu^+ \in \mathbb{Z}$ の場合は $U(\nu^+, 1-\nu^+)$ が可約であることが理由であり，その場合も（可約な）ユニタリ表現である．離散系列表現の極限は，その可約ユニタリ表現 $U(\nu^+, 1-\nu^+)$ に現れた既約成分 $\overline{W}_0(-1, -1)$, $W_0(-1, 1)$ である．ユニタリ主系列表現で $\langle v_j, v_j \rangle = \langle v_{j+1}, v_{j+1} \rangle$ だったことと，上の式 (4.15) の値が j によらず一定値であることは，合致している．

以下 $n > 1$ とする．

$$\|F_{j+1}\|^2 = \pi\frac{(j+1)!(n-2)!}{(j+n)!} = \frac{j+1}{j+n}\|F_j\|^2$$

である．4.3 節では $\lambda_0 > 0$ の場合に，

$$\left\|v_{\lambda_0+2j+2}\right\|^2 = (\lambda_0+j)(j+1)\left\|v_{\lambda_0+2j}\right\|^2$$

という結論だった. これを

$$\iota(v_{\lambda_0+2j}) = (\lambda_0)_j v_j$$

を用いて書き換えると,

$$\left\|\iota^{-1}v_{j+1}\right\|^2 = \frac{j+1}{\lambda_0+1+j}\left\|\iota^{-1}v_j\right\|^2$$

となる. これを比較すると, $\lambda_0+1=n$ とし, $F_j = \iota^{-1}v_j$ とすればよいことがわかる. ノルムの定義を上では天下り式に与えたが, 基底ベクトルの長さの漸化式から自然に導くこともできる.

補題 4.5.12 実数 $n > 1$ を一つ固定する. n に依存する実数値関数 $K(r)$ が全ての非負整数 j に対して,

$$\int_0^1 r^{2j+2} K(r) dr = \frac{j+1}{j+n}\int_0^1 r^{2j} K(r) dr$$

を満たすとする. この時, 定数倍を除いて $K(r) = (1-r^2)^{n-2}r$ となる.

証明 与えられた条件式の j を一か所にまとめるように変形していくと,

$$\begin{aligned}
0 &= \int_0^1 \left\{(j+n)r^{2j+2} - (j+1)r^{2j}\right\} K(r) dr \\
&= \int_0^1 \left\{(n-1)r^{2j+2} - (j+1)r^{2j}(1-r^2)\right\} K(r) dr \\
&= \int_0^1 (n-1)r^{2j+2} K(r) dr - \int_0^1 (r^{2j+2})'\frac{1-r^2}{2r} K(r) dr \\
&= \int_0^1 (n-1)r^{2j+2} K(r) dr + \int_0^1 r^{2j+2}\left(\frac{1-r^2}{2r}K(r)\right)' dr \\
&= \int_0^1 r^{2j+2}\left\{(n-1)K(r)dr + \left(\frac{1-r^2}{2r}K(r)\right)'\right\} dr.
\end{aligned}$$

ここで最後から二つ目の等号では部分積分の境界項が消えること

$$\left[r^{2j+2}\frac{1-r^2}{2r}K(r)\right]_{r=0}^{r=1} = 0$$

を用いた. これが全ての非負整数 j に対して成立する十分条件は,

$$(n-1)K(r) + \left(\frac{1-r^2}{2r}K(r)\right)' = 0$$

である．これは $K(r)$ に関する 1 階の斉次線形常微分方程式であり，変数分離形でもある．したがって簡単に解くことができて，

$$K(r) = (\text{定数倍})(1-r^2)^{n-2}r$$

となる． $\qquad\qquad\qquad\qquad\qquad\qquad\qquad\qquad\square$

$SL(2,\mathbb{R})$ の正則離散系列表現をケーリー変換で $SU(1,1)$ の場合に記述すると，

$$(U(g)F)(e^{i\psi}) = (-\beta e^{i\psi} + \bar{\alpha})^{-n} F\left(\frac{\alpha e^{i\psi} - \bar{\beta}}{-\beta e^{i\psi} + \bar{\alpha}}\right)$$

となる．特に $\beta = 0, \alpha = e^{i\theta}$ とおいて $g\begin{pmatrix} e^{i\theta} & 0 \\ 0 & e^{-i\theta} \end{pmatrix} \in K$ とすると，

$$(U(g)F)(e^{i\psi}) = e^{in\theta}F(e^{i(\psi+2\theta)})$$

となる．つまり，

$$(U(g)F)(\zeta) = e^{in\theta}F(\zeta) \tag{4.16}$$

となる．

(4.14) をリー群からリー環へ落とすと，単項式がウエイトベクトルになっていることがわかる．すなわち，(4.16) の両辺の θ に関する一次の微分係数を拾うと，

$$\begin{aligned}
\frac{d}{d\theta}(U(g)F)(\zeta)\Big|_{\theta=0} &= e^{in\theta}F(e^{2i\theta}\zeta)\Big|_{\theta=0} \\
&= ine^{in\theta}F(e^{2i\theta}\zeta) + e^{in\theta}F'(e^{2i\theta}\zeta)2ie^{2i\theta}\zeta\Big|_{\theta=0} \\
&= inF(\zeta) + 2i\zeta F'(\zeta) \\
&= i\left(2\zeta\frac{d}{d\zeta} + n\right)F
\end{aligned}$$

となる．この式の左辺は $X = h = \begin{pmatrix} 1 & 0 \\ 0 & -1 \end{pmatrix}$ とした時に，$g = e^{itX}$ と解釈できることから，$i(dU(X)F)(\zeta)$ と書くことができる．すなわち，F たちの属する表現空間を $\mathcal{V}$ とすると，$U : G \to GL(\mathcal{V})$ という群準同型写像の単位元における微分の与える写像として，$dU : \mathfrak{g} \to \mathrm{End}(\mathcal{V})$ が定義される．この写像に

よる像 $dU(X)F \in \mathcal{V}$ の ζ における関数の値が上の式で与えられている.

$$dU(X)F = \left(2\zeta\frac{d}{d\zeta} + n\right)F. \tag{4.17}$$

次に, $X = \begin{pmatrix} 0 & 0 \\ 1 & 0 \end{pmatrix}$ とした時には, $e^{tX} = \begin{pmatrix} 1 & 0 \\ t & 1 \end{pmatrix}$, $(U(e^{tX})f)(\zeta) = f(\zeta - t)$ であり,

$$\frac{d}{dt}U(g)f(\zeta)\Big|_{t=0} = -\frac{d}{d\zeta}F(\zeta).$$

最後に, $X = \begin{pmatrix} 0 & 1 \\ 0 & 0 \end{pmatrix}$ とした時には, $e^{tX} = \begin{pmatrix} 1 & t \\ 0 & 1 \end{pmatrix}$, $(U(e^{tX})f)(z) = (1-tz)^{-n}f(z/(1-tz))$ であり,

$$\frac{d}{dt}U(g)f(\zeta)\Big|_{t=0} = z^2\frac{d}{d\zeta}F(\zeta) - nzf(z).$$

これによって, リー環の表現

$$h \mapsto 2z\frac{d}{dz} + n,$$
$$e^+ \mapsto z^2\frac{d}{dz} - nz,$$
$$e^- \mapsto -\frac{d}{dz}$$

が定まる. z の多項式を係数とする z に関する線形常微分作用素の全体を $\mathcal{D} = \mathbb{C}[z][d/dz]$ とする. この時,

$$dU : \mathfrak{g} \to \mathcal{D}$$

は, リー環の準同型である. したがって, 結合的代数の準同型

$$U(\mathfrak{g}) \to \mathcal{D}$$

を誘導する.

次に, これらの表現の作用素の単項式 $F_j(z) = z^j$ への作用をみると

$$dU(H)F_j = \left(2\zeta\frac{d}{d\zeta} + n\right)F_j = (n+2j)F_j,$$
$$dU(e^+)F_j = \left(\zeta^2\frac{d}{d\zeta} - n\zeta\right)F_j = (j-n)F_{j+1},$$
$$dU(e^-)F_j = -\frac{d}{d\zeta}F_j = -jF_{j-1}$$

90 | 4. ユニタリ内積の決定

となる．これを標準表現 $U(\nu^+, \nu^-)$ と比較すると，$\nu^+ = n, \nu^- = 0$ の時の標準表現 $U(n,0)$ の作用と一致しており，$\{F_j \mid j \in \mathbb{Z}_{\geq 0}\}$ の生成する部分空間は補題 3.2.13 で W^- と書かれる部分表現空間である．

以上で分類した既約ユニタリ表現のうちユニタリ主系列表現と離散系列表現は**緩増加**（tempered）という条件を満たす．自明表現と補系列表現と離散系列表現の極限は緩増加ではない（non-tempered）．

4.6 積 分 公 式

群の上の積分を群の分解に応じて変数変換する公式を紹介する．これらの公式は次の章で指標の計算をする時に必要となる．アイディアはフビニの定理

$$\int_{X \times Y} = \int_X \int_Y$$

という簡単なものであるが，考えている積分領域が単純に直積集合になっていないことや変数変換に伴ってヤコビアンが出てくること，そして些末にみえるが連結成分が二つ以上出てくることがあることなどを合理的に統制してはじめて正確な公式が得られる．そのためにある程度ややこしくなることは避けられない．

まず，共役類の記述から始める．

$$G^{\mathrm{hyp}} := \{g \in G \mid |\mathrm{Tr}(g)| > 2\}$$
$$G^{\mathrm{ell}} := \{g \in G \mid |\mathrm{Tr}(g)| < 2\}$$

と定める．それぞれ双曲型共役類の全体，楕円型共役類の全体を意味することを後述する．

補題 4.6.1 (1) $G/MA \times M \times (A \setminus \{I_2\}) \ni (g, m, a) \mapsto gmag^{-1} \in G^{\mathrm{hyp}}$ は全単射を与える．

(2) $G/K \times (K \setminus M) \ni (g, k) \mapsto gkg^{-1} \in G^{\mathrm{ell}}$ は全単射を与える．

(3) $G^{\mathrm{hyp}} \cup G^{\mathrm{ell}}$ は G の稠密な部分集合である．

証明 (1) $a = a_t$ の時，$\mathrm{Tr}(gma_t g^{-1}) = \mathrm{Tr}(ma_t) = m\,\mathrm{Tr}(a_t) = m\cosh t$ な

ので, 像は G^{hyp} に含まれる. したがって写像は well-defined である. 逆に $x \in G^{\mathrm{hyp}}$ の時, $\mathrm{Tr}(x) > 2$ ならば, $m = I_2$ とし, $\mathrm{Tr}(x) = 2\cosh t$ によって $t > 0$ を定める. $\mathrm{Tr}(x) < -2$ ならば $m = -I_2$ とし, $\mathrm{Tr}(x) = -2\cosh t$ によって $t > 0$ を定める. この時, x と ma は同じ共役類に含まれる. すなわち, ある $g \in G$ が存在して $x = gmag^{-1}$ と書ける. したがって全射である. 最後に単射性を示す. まず, $\mathrm{Tr}(ma_t) = 2m\cosh t$ なので ma は一意的に決まる. さらに $gmag^{-1} = hmah^{-1}$ となるとすると, $g^{-1}h \in Z(ma) = MA$ なので, $h \in gMA$ である.

(2) $k = k_\theta$ の時, $\mathrm{Tr}(gk_\theta g^{-1}) = \mathrm{Tr}(k_\theta) = 2\cos\theta$ なので, 像は G^{ell} に含まれる. したがって写像は well-defined である. 逆に $x \in G^{\mathrm{ell}}$ の時, $\mathrm{Tr}(x) = 2\cos\theta$ によって $0 < \theta < \pi$ を定める. この時, x と k_θ は同じ共役類に含まれる. すなわち, ある $g \in G$ が存在して $x = gkg^{-1}$ と書ける. したがって全射である. 最後に単射であることを示す. まず, $\mathrm{Tr}(gk_\theta g^{-1}) = 2\cos\theta$ なので k_θ は一意に決まる. さらに $gkg^{-1} = hkh^{-1}$ とすると, $g^{-1}h \in Z(k) = K$ なので, $h \in gK$ である.

(3) $G^{\mathrm{hyp}} \cup G^{\mathrm{ell}}$ は $\{g \in G \mid \mathrm{Tr}(g) \neq \pm 2\}$ である. 成分で表示すると $\left\{g = \begin{pmatrix} a & b \\ c & d \end{pmatrix} \middle| ad - bc = 1, a + d \neq \pm 2\right\}$ である. 一つ目の等式は $(a+d)^2 - 4 = (a-d)^2 + (b+c)^2 - (b-c)^2$ と書くことができる. $(a+d)^2 - 4 = 0$ であるとすると, 十分近くにこの超曲面上の点が存在する. $\qquad\square$

この補題のように, MA の場合と K の場合で並行に議論ができる場合がしばしばある. ただし, 全く同じではないので, それぞれ議論する必要がある.

G 上の測度 dg とは, なめらかな関数 $f(g)$ に対して $\int_G f(g)dg$ という数値が定まるものである. G 上の測度が**不変測度**であるとは, $\int_G f(hg)dg = \int_G f(g)dg$ が全ての f に対して成り立つことと定義する. 以下では不変測度のみを考える. $SL(2,\mathbb{R})$ の不変測度は定数倍を除いて一意的に存在することが知られている. ここで実際に構成してみよう. 開部分集合 $G_0 = \{g \in SL(2,\mathbb{R}) \mid g_{11} \neq 0\}$ の上で, 座標を $\phi(x_1, x_2, x_3) = \begin{pmatrix} x_1 & x_2 \\ x_3 & (1+x_2 x_3)/x_1 \end{pmatrix}$ とする. 関数 $u(x_1, x_2, x_3)$ を用いて, 不変測度が $dg = u(x_1, x_2, x_3)dx_1 dx_2 dx_3$ と書けていたとする. $\begin{pmatrix} 1 & 0 \\ t & 1 \end{pmatrix}g = \begin{pmatrix} x_1 & x_2 \\ x_3 + tx_1 & * \end{pmatrix}$ なので, 不変性より,

$$dg = u(x_1, x_2, x_3 + tx_1)dx_1 dx_2 d(x_3 + tx_1)$$
$$= u(x_1, x_2, x_3 + tx_1)dx_1 dx_2 dx_3$$

となる．したがって，関数 u は x_3 に依存しない．以下 $u = u(x_1, x_2)$ とする．次に，$\begin{pmatrix} t & 0 \\ 0 & 1/t \end{pmatrix} g = \begin{pmatrix} tx_1 & tx_2 \\ x_3/t & * \end{pmatrix}$ なので，不変性より，

$$dg = u(tx_1, tx_2)d(tx_1)d(tx_2)d(x_3/t) = tu(tx_1, tx_2)dx_1 dx_2 dx_3$$

となる．したがって，相対不変性 $tu(tx_1, tx_2) = u(x_1, x_2)$ が得られる．これを $tx_1 u(tx_1, tx_2) = x_1 u(x_1, x_2)$ と表せば，1 変数関数 $v(x)$ を用いて，$x_1 u(x_1, x_2) = v(x_2)$ と書けることがわかる．まとめると，

$$dg = v(x_2)\frac{dx_1}{x_1}dx_2 dx_3$$

である．最後に $\begin{pmatrix} 0 & -1 \\ 1 & 0 \end{pmatrix} g = \begin{pmatrix} -x_3 & -(1+x_2 x_3)/x_1 \\ x_1 & x_2 \end{pmatrix}$ なので，不変性より，

$$dg = v(-(1+x_2 x_3)/(-x_1))\frac{-dx_3}{-x_3}d(-(1+x_2 x_3)/x_1)dx_1$$
$$= v(-(1+x_2 x_3)/(x_1 x_3))\frac{dx_1}{x_1}dx_2 dx_3$$

となる．したがって，v は定数である．まとめると，

補題 4.6.2 $SL(2, \mathbb{R})$ の不変測度は $g_{11} \neq 0$ 上で，$dg = \frac{dx_1}{x_1}dx_2 dx_3$ の定数倍である．

この測度は右不変性 $\int_G f(gh)dg = \int_G f(g)dg$ も満たしている，すなわち両側不変である．

次に直積構造に沿って測度を分解してみよう．$G_1 = \{g \in SL(2, \mathbb{R}) \mid g_{11} = 1\}$ とする．写像

$$\iota : G_1 \times A \ni (g, a) \mapsto gag^{-1} \in SL(2, \mathbb{R})$$

を考える．$g = \overline{n}_{x_3} n_{x_2} = \begin{pmatrix} 1 & x_2 \\ x_3 & 1 + x_2 x_3 \end{pmatrix} \in G_1$, $a = \begin{pmatrix} t & 0 \\ 0 & 1/t \end{pmatrix}$ と表すと，

$$\iota(g, a) = gag^{-1} = \begin{pmatrix} t + (t - t^{-1})x_2 x_3 & -(t - t^{-1})x_2 \\ (t - t^{-1})x_3(1 + x_2 x_3) & * \end{pmatrix} =: \begin{pmatrix} y_1 & y_2 \\ y_3 & * \end{pmatrix}$$

と有理式で書ける．

寄り道 4.6.3 このように，以下の計算で用いない式を省略して，$*$ のような記号で略記することがある．なお複数の $*$ が現れる時に，異なる式を表していることに注意しておく．

ヤコビ行列は

$$\frac{\partial(y_1, y_2, y_3)}{\partial(t, x_1, x_2)}$$

$$= \begin{pmatrix} 1+(1+t^{-2})x_2x_3 & -(t-t^{-1})x_3 & -(t-t^{-1})x_2 \\ -(1+t^{-2})x_2 & -(t-t^{-1}) & 0 \\ (1+t^{-2})x_3(1+x_2x_3) & (t-t^{-1})x_3^2 & (t-t^{-1})(1+2x_2x_3) \end{pmatrix}$$

とやや複雑になるが，その行列式を計算すると，

$$-(1-t^{-2})^2(t^2+(t^2-1)x_2x_3) = -y_1 t(1-t^{-2})^2$$

と変数分離する．したがって，ι による不変測度の引き戻しは，

$$\iota^*(dg) = \iota^*\left(\frac{dy_1}{y_1}dy_2dy_3\right) = \frac{1}{y_1}\det\frac{\partial(y_1, y_2, y_3)}{\partial(t, x_1, x_2)}dt dx_1 dx_2$$

$$= -t(1-t^{-2})^2 dt dx_1 dx_2 = -(t-t^{-1})^2\frac{dt}{t}dx_1 dx_2$$

と簡明な形になる．$t = e^{u/2}$ と書けばこれは，$\frac{1}{2}(e^{u/2}-e^{-u/2})^2 du dx_1 dx_2$ となる．ここで，

$$G_0 \ni g \mapsto g\begin{pmatrix} g_{11}^{-1} & 0 \\ 0 & g_{11} \end{pmatrix} \in G_1$$

と定めると，これは G_0/MA と G_1 の間の全単射を定める．G_1 上の測度 $dx_2 dx_3$ からこの全単射によって定まる G_0/MA 上の測度を $d\dot{g}$ と定義する．G_0 は G の中で稠密なので，G/MA 上の測度も $d\dot{g}$ と書く．$d\dot{g}$ は左 G 不変な測度である．定数倍は以下のような形で正規化する．

$$\int_G f(g)dg = \int_{G/MA}\int_{MA} f(gma)dm da d\dot{g},$$

$$\int_G f(g)dg = \int_{G/K}\int_K f(gk)dk d\dot{g}.$$

ここで，$g \in G$ を代表元とするような G/MA などの元を $\dot{g}$ と書いている．この時，軌道積分を次で定義する．

$$F_f^{MA}(ma) = \int_{G/MA} f(gmag^{-1})d\dot{g},$$

$$F_g^B(k) = \int_{G/K} f(gkg^{-1})d\dot{g}.$$

軌道の上で関数の値を足し上げていることが命名の由来である．補題 4.6.1 を
みると，これをさらに足し上げることで G^{hyp} および G^{ell} の上で関数の値を足
し上げることができる．これを定量的に正確に表したものが以下の積分公式で
ある．

補題 4.6.4 G 上のなめらかな関数 f に対して，

$$\int_G f(g)dg = \int_B -(e^{i\theta} - e^{-i\theta})^2 F_f^B(\theta)\frac{d\theta}{2\pi} + \int_{MA} \left(e^t - e^{-t}\right)^2 F_f^T(ma)dmda$$

が成り立つ．

証明 ここで現れた $-(e^{i\theta} - e^{-i\theta})^2 = 4\sin^2\theta$ や $\left(e^t - e^{-t}\right)^2 = 4\sinh^2 t$ は変
数変換に伴うヤコビアンである． $\square$

なお，この二つの関数は複素化を通じてなめらかに解析接続されている．

指標にこれを適用するには超関数の場合に拡張する必要がある．超関数とは
関数に対して数値を返す線形写像である．

$$\Theta : C_c(G) \to \mathbb{C}.$$

正確には $C_c(G)$ の位相に関する連続性が必要だが，ここでは局所可積分関数
の定める超関数のみを用いるので位相に関する詳細は省略する．

寄り道 4.6.5（超関数） 超関数は関数の概念を拡張したものであり，さまざま
な理解の仕方がある．
  ・連続関数の形式的な微分の全体．
  ・良い関数空間の双対．試験関数に対して値を返す汎関数．
  ・正則関数の境界．

二つ目の見方がシュワルツの分布の理論であり，確率密度関数とのつながり
で理解しやすい．正確に議論しようとすると試験関数の空間の位相を議論する
必要がある．三つ目の見方は佐藤幹夫の超関数（hyperfunction）の理論である．

1 変数はやさしいが 2 変数以上になるとコホモロジーの本格的な利用と不可分である．例えば **ReLU 関数**（rectified linear unit）

$$U(x) = \max(x, 0) = \begin{cases} |x| & x > 0 \\ 0 & x < 0 \end{cases}$$

は $x = 0$ では微分可能ではないが，その微分は，ヘビサイド関数

$$H(x) = \begin{cases} 1 & x > 0 \\ 0 & x < 0 \end{cases}$$

を用いて $U' = H$ と考える．さらに H の微分も $x = 0$ では存在しないが，$H' \overset{?}{=} 0$ ではなくて $H' = \delta$ と考える．ここで δ はディラックのデルタ関数と呼ばれる超関数である．クロネッカーのデルタと記号は似ているが異なったものである．二つ目の見方では，$\mathbb{R}$ 上の連続関数 φ に対して，

$$\delta(\varphi) = \langle \delta, \varphi \rangle = \varphi(0)$$

と定める．これによって，連続関数全体から $\mathbb{C}$ への線形写像が定まる．これも δ と書く．本来はコンパクト台の無限回微分可能な関数 $\varphi \in C_0^\infty(\mathbb{R})$ に対して値が定まるとすべきであるが，ディラックのデルタの場合は測度（measure）でもあるのでこのように同値に言い換えることもできる．確率測度 μ の場合は，可測集合 $Y \subset \mathbb{R}$ に対する値 $\mu(Y)$ を与えるが，これは Y の特性関数 (characteristic function) χ_Y の線形結合全体を試験関数として，

$$\mu(Y) = \langle \mu, \chi_Y \rangle = \int_{-\infty}^\infty \chi_Y(x) d\mu(x) = \int_Y d\mu(x)$$

と定めていると解釈できる．すなわち，確率密度関数や確率測度はシュワルツの超関数との例を与えている．佐藤超関数の見方でディラックのデルタを捉えると，

$$\delta = \left[\frac{-1}{2\pi\sqrt{-1}z} \right] \in H_{\{0\}}^1(\mathbb{C}, \mathcal{O}_{\mathbb{C}})$$

となる．これの意味は [8] などを参照されたい．

この時，

$$\Theta(f) = \int_G \Theta(g) f(g) dg = \int_B -(e^{i\theta} - e^{-i\theta})^2 F_f^B(\theta) \Theta^B(\theta) \frac{d\theta}{2\pi}$$

$$+ \int_{MA} \left(e^t - e^{-t} \right)^2 F_f^T(ma) \Theta^{MA}(ma) dm da$$

96 | 4. ユニタリ内積の決定

となる．第2項は超関数 Θ をあたかも普通の関数だとみなして，それと試験関数 f との内積を考えたもののように記している．Θ^B は B 上の超関数であり，Θ^{MA} は MA 上の超関数である．指標公式は各既約表現 π の指標 $\Theta = \Theta_\pi$ に対する Θ^B と Θ^{MA} を記述する公式である．実際には二つの関数とも超関数としての特異性はマイルドであり，局所可積分関数で書くことができる．特に，ディラックのデルタ関数のように次元の小さい集合上に台をもつような超関数は表示に寄与しない．この著しい事実は微分方程式を用いて説明することができる．

そこでこれらを動機として，既約表現の指標の満たす微分方程式を記述する．準備として，リー環 $\mathfrak{g}$ の元は G 上のベクトル場を定める．これを和と積に関して延長することで $U(\mathfrak{g})$ の元は G 上の微分作用素を定める．特にカシミール元 $C \in U(\mathfrak{g})$ の定める G 上の微分作用素を Ω と書く．

命題 4.6.6 既約表現の指標 Θ は次を満たす．

(1) 不変性：$\Theta(hgh^{-1}) = \Theta(g)$ が全ての $h, g \in G$ に対して成り立つ．

(2) カシミール作用素 $C \in U(\mathfrak{g})$ は表現空間にスカラー $\chi(C)$ で作用する．この時，$\Omega\Theta = \chi(C)\Theta$ である．

証明 (1) 形式的には

$$\Theta(hgh^{-1}) = \mathrm{Tr}(\pi(hgh^{-1})) = \mathrm{Tr}(\pi(h)\pi(g)\pi(h^{-1}))$$
$$= \mathrm{Tr}(\pi(g)) = \Theta(g)$$

である．正式にはこれに試験関数 $f(g)$ をかけて G 上で積分した関係式を証明する．すなわち，

$$\int_G \Theta(hgh^{-1})f(g)dg = \int_G \Theta(g)f^h(g)dg = \mathrm{Tr}(\pi(f^h))$$
$$= \mathrm{Tr}(\pi(h)\pi(f)\pi(h^{-1})) = \mathrm{Tr}(\pi(f))$$
$$= \int_G \Theta(g)f(g)dg$$

である．ただし，$f^h(g) = f(h^{-1}gh)$ である．ここで，

$$\pi(f^h)v = \int_G f^h(g)\pi(g)vdg = \int_G f(h^{-1}gh)\pi(g)vdg$$

$$= \int_G f(g)\pi(hgh^{-1})vdg = \int_G f(g)\pi(h)\pi(g)\pi(h^{-1})vdg$$

$$= \pi(h)\int_G f(g)\pi(g)dg\pi(h^{-1})v = \pi(h)\pi(f)\pi(h^{-1})v$$

を用いた.

(2) 前半は補題 3.1.14 である. 後半はまず, 超関数への微分作用素の作用の定義から始める. すなわち,

$$\int_G (\Omega\Theta)(g)f(g)dg = \int_G \Theta(g)\Omega^t f(g)dg \tag{4.18}$$

と定義される. ここで Ω^t はベクトル場 X に対しては $X^t = -X$ と定義し, 一般の $U(\mathfrak{g})$ の元に対しては, $(X+Y)^t = X^t+Y^t$, $(XY)^t = Y^tX^t$, $(kX)^t = kX^t$ で定める. 計算を続けると,

$$(4.18) = \operatorname{Tr}\pi(\Omega^t f) = \sum_{i=1}^{\infty}(\pi(\Omega^t f)v_i, v_i)$$

$$= \sum_{i=1}^{\infty}\int_G (\pi(x)v_i, v_i)(\Omega^t f)(x)dx = \sum_{i=1}^{\infty}\int_G \Omega(\pi(x)v_i, v_i)f(x)dx$$

$$= \sum_{i=1}^{\infty}\int_G (\pi(x)\Omega v_i, v_i)f(x)dx = \sum_{i=1}^{\infty}\int_G (\pi(x)\chi(C)v_i, v_i)f(x)dx$$

$$= \chi(C)\sum_{i=1}^{\infty}\int_G (\pi(x)v_i, v_i)f(x)dx$$

$$= \chi(C)\operatorname{Tr}\pi(f) = \chi(C)\int_G \Theta(g)f(g)dg$$

となる. ここで四つ目の等号は部分積分公式であり, 五つ目の等号はカシミール元が中心に属することを用いた. □

命題の二つの条件を満たす G 上の超関数を不変固有超関数と呼ぶ. すなわち, 端的にいえば指標は G 上の不変固有超関数である. 多くの固有値問題と同様に, 不変固有超関数のなす線形空間の次元や基底を求めることが興味のある問題であり, 指標に関する性質の一部は不変固有超関数の性質から導かれる. 例えば, 次のような命題が成り立つ.

命題 4.6.7 (1) 不変固有超関数を G^{hyp} に制限すると実解析的関数である.

(2) 補題 4.6.1(1) の座標を用いると, 第 1 成分 G/MA に関して定数であり, 第 2 成分のみの超関数とみなせる.

(3) 第2成分の超関数とみた時に以下の微分方程式を満たす:

$$\left(\frac{d^2}{dt^2} - \nu^2\right)(\sinh t)\Theta(a_t) = 0.$$

これは2階線形斉次正規形の常微分方程式である.

証明 (2) は不変性の言い換えである. (1) は (2) と (3) から導かれる. (3) は具体的に計算する必要がある. □

楕円型共役類の上でも並行した議論が可能である.

命題 4.6.8 (1) 不変固有超関数を G^{ell} に制限すると実解析的関数である.

(2) 補題 4.6.1(2) の座標を用いると,第1成分 G/K に関して定数であり,第2成分のみの超関数とみなせる.

(3) 第2成分の超関数とみた時に以下の微分方程式を満たす:

$$\left(\frac{d^2}{d\theta^2} + \nu^2\right)(\sin\theta)\Theta(k_\theta) = 0.$$

これは2階線形斉次正規形の常微分方程式である.

5 　 既約ユニタリ表現の指標

この章では表現の指標を紹介する．各表現のクラスごとに異なった技術や結果になるので，前の章で分類した表現のクラスごとに節を分けて議論する．

5.1 　 位相線形空間

本題の $SL(2,\mathbb{R})$ に入る前に，S^1 の場合の解説を行う．これは $SL(2,\mathbb{R})$ の場合の準備になると同時に，議論の流れを把握するためのモデルにもなっている．ここで，S^1 は絶対値が 1 の複素数の全体 $U(1)$ が積に関してなす連結可換でコンパクトな群を表す．$H = L^2(S^1)$ を S^1 上の二乗可積分関数の全体とする．すなわち，$f : S^1 \to \mathbb{C}$ に対して，

$$\|f\| = \sqrt{\frac{1}{2\pi} \int_0^{2\pi} |f(e^{i\theta})|^2 d\theta}$$

と定める時，$\|f\|$ が有限になるような，すなわち，上の式の右辺の積分が収束するような f の全体が $L^2(S^1)$ である．これは $\|f\|$ をノルムとするような自然な内積をもつ内積空間であり，さらにルベーグ積分の知見を用いると完備であることも知られている．すなわち，H は完備内積空間，すなわち，**ヒルベルト空間**である．例えば，整数 $n \in \mathbb{Z}$ に対して，$\chi_n(e^{i\theta}) = e^{in\theta}$ によって $\chi_n : S^1 \to \mathbb{C}$ を定めれば，$\|\chi_n\| = 1$ であり，$\chi_n \in H$ である．そして，内積に関して，異なる m, n に対する χ_m と χ_n は直交することが簡単に確かめられる．これは $\{\chi_n \mid n \in \mathbb{Z}\}$ が正規直交系であることを意味する．これらの元の生成する線形部分空間を H_0 と定義する．H_0 は H の稠密な部分空間である．すなわち，$f \in H$ が，「全ての $n \in \mathbb{Z}$ に対して $\langle f, \chi_n \rangle = 0$」を満たすならば $f = 0$ となる．また，$f \in H$ は

$$f = \sum_{n \in \mathbb{Z}} \langle f, \chi_n \rangle \chi_n$$

と書ける．ただし，この式の右辺は H の位相で収束している無限和である．この意味で，$\{\chi_n \mid n \in \mathbb{Z}\}$ を H の**完全正規直交系**と呼ぶ．

ここまでの説明では群が直接は出てきていないが，これらを S^1 を用いて解釈していこう．まず，χ_n は S^1 の 1 次元表現である（表現の次元の定義は定義 2.4.1 を参照）．すなわち，$\chi_n(e^{i\theta}e^{i\phi}) = \chi_n(e^{i\theta})\chi_n(e^{i\phi})$ が成り立つ．逆に，S^1 の 1 次元表現は，ある $n \in \mathbb{Z}$ を用いて χ_n と書くことができる．すなわち，$\{\chi_n \mid n \in \mathbb{Z}\}$ は S^1 の 1 次元表現の全体と一致する．また，1 次元表現は既約であり，一方，可換群の既約表現は 1 次元表現であることから，これらは S^1 の既約表現の全体とも一致している．H には平行移動の誘導する作用によって S^1 が作用する．

$$(\rho(e^{i\phi})f)(e^{i\theta}) = f(e^{i(\theta - \phi)})$$

によって，$\rho(e^{i\phi}) : H \to H$ を定めると，ρ は S^1 の H 上の表現になる．そして部分空間 H_0 は H の部分表現である．

5.2 表現のトレース

これから既約ユニタリ表現の指標を定義しそれを計算する．指標はトレースとして定義されるが，無限次元ヒルベルト空間におけるトレースなのでそれは代数的にも解析的にも当たり前でない．この節ではその背景を説明する．

表現 U の $g \in SL(2, \mathbb{R})$ の V 上の作用 $U(g)$ が与えられているとする．ヒルベルト空間 V の正規直交基底 $\{v_j \mid j \in I\}$ に対して，$U(g)$ のトレースは，素朴には

$$\mathrm{Tr}(U(g)) = \sum_{j \in I} \langle U(g)v_j, v_j \rangle \tag{5.1}$$

と定めるものである．

寄り道 5.2.1（行列表示とトレース）　正方行列 $A = (a_{ij})$ に対して，そのトレースを $\mathrm{Tr}\, A = \sum_{i=1}^{n} a_{ii}$ と定めた．そして，有限次元線形空間 V の線形変

換 $T : V \to V$ に対するトレースは，T の行列表示 A を用いて $\operatorname{Tr} T = \operatorname{Tr} A$ と定めた．すなわち V の基底 $\{e_i \mid i = 1, \ldots, n\}$ に対して，$T(e_j) = \sum_{i=1}^{n} a_{ij} e_i$ と表した時に，$A = (a_{ij})$ を T の行列表示といった．特に V が内積 $\langle \cdot, \cdot \rangle$ をもち，$\{e_i \mid i = 1, \ldots, n\}$ がその内積に関する正規直交基底であるとすると $a_{ij} = \langle T(e_j), e_i \rangle$ であり，トレースは

$$\operatorname{Tr} T = \sum_{i=1}^{n} \langle T(e_i), e_i \rangle$$

と書ける．これが (5.1) の右辺の由来である．行列表示を用いずに T のトレースを表す一つの方法は，

$$\begin{array}{ccccccc}
\operatorname{End}(V) = \operatorname{Hom}(V, V) & = & V \otimes V^* & \cong & V^* \otimes V & \to & \mathbb{C} \\
T & \mapsto & \sum v_i \otimes \psi_i & \mapsto & \sum \psi_i \otimes v_i & \mapsto & \sum \psi_i(v_i)
\end{array}$$

である．この考え方は，リーマン幾何におけるテンソル解析では縮約と呼ばれている．入れ替えの操作は量子力学では $|v_i\rangle\langle\psi_i| \mapsto \langle\psi_i|v_i\rangle$ と書くことがある．

また，トレースの性質として，

$$\operatorname{Tr} A = \left. \frac{d}{dt} \det \exp(tA) \right|_{t=0} = \left. \frac{d}{dt} \det(I_n + tA) \right|_{t=0}$$

が成り立つ．

(5.1) の右辺の無限和は収束するとは限らない．そこで，この式に G 上のコンパクト台のなめらかな関数 $f(g) \in C_c^\infty(G)$ をかけて G 上で積分することで，

$$\operatorname{Tr} U(f) := \sum_{j \in I} \langle U(f) v_j, v_j \rangle$$

と定める．ただし，$U(f) : V \to V$ は

$$U(f)v := \int_G f(g) U(g) v \, dg$$

で定まる線形作用素である．この時，$U(f)$ ならびに，$\operatorname{Tr} U(f)$ はそれぞれ収束する．さらに

$$\Theta : C_c^\infty(G) \ni f \mapsto \operatorname{Tr} U(f) \in \mathbb{C}$$

は超関数を定める．すなわち，Θ は線形写像であり，$C_c^\infty(G)$ の位相に関して Θ は連続である．そしてさらに，この超関数 Θ は G 上のある局所可積分関数

Θ_0 で表せる．ここで，局所可積分関数とは，各点のある近傍上で可積分な関数であると定義する．局所可積分関数は試験関数と掛け算して積分することで超関数を定める．具体的には，全ての $f \in C_c^\infty(G)$ に対して

$$\operatorname{Tr} U(f) = \int_G \Theta(g)f(g)dg$$

が成立することが条件である．ここまでに定義したいろいろな量を代入すると，それは，

$$\sum_{j \in I} \left\langle \int_G f(g)U(g)v_j dg, v_j \right\rangle = \int_G \Theta(g)f(g)dg$$

となる．このような Θ の具体形を与えたい．

ここで，一般的に，X 上の二乗可積分関数の全体 $H = L^2(X)$ の間の線形写像 $\mathbb{K}: H \to H$ が，核関数 K で表されている状況を考える．すなわち，K を直積集合 $X \times X$ 上の関数とし，X 上の適当な測度 dx を用いて

$$(\mathbb{K}f)(x) = \int_X K(x, y)f(y)dy$$

と表せていると仮定する．この時，トレースは

$$\operatorname{Tr} \mathbb{K} = \int_X K(x, x)dx$$

と表すことができる．実際，$L^2(X)$ の正規直交基底を $\{f_n \mid n \in I\}$ とし，基底を $\mathbb{K}$ で写したものの展開を

$$\mathbb{K}f_l = \sum_{m \in I} C_{ml}f_m$$

と定めると，

$$\begin{aligned}
\int_X K(x, y)f_l(y)dy = (\mathbb{K}f_l)(x) &= \sum_{m \in I} C_{ml}f_m(x) \\
&= \sum_{m \in I}\sum_{n \in I} c_{mn}f_m(x)\int_X \overline{f_n(y)}f_l(y)dy
\end{aligned}$$

となる．したがって

$$K(x, y) = \sum_{m \in I}\sum_{n \in I} C_{mn}f_m(x)\overline{f_n(y)},$$

$$K(x, x) = \sum_{m \in I}\sum_{n \in I} C_{mn}f_m(x)\overline{f_n(x)},$$

$$\int_X K(x,x)dx = \sum_{m \in I} \sum_{n \in I} C_{mn} \int_X f_m(x)\overline{f_n(x)}dx$$
$$= \sum_{m \in I} C_{mm} = \mathrm{Tr}\mathbb{K}$$

が得られた．これは主系列表現の指標を計算する際に有効に用いられる．

やや不思議なことであるが，無限次元ユニタリ表現の指標を定義する時は解析的な取り扱い，すなわち，収束性の議論を欠かすことができない．しかし，最終的に得られる指標公式は代数的な形をしていて，一見すると解析的な部分をショートカットして結論が得られるようにも思われる．

寄り道 5.2.2（指標）　用語の注意として，ユニタリ表現に対して，ここで扱う指標は大域指標（global character）あるいは超関数指標（distribution character）と呼ばれることがある．それに対して，カシミール元の固有値にあたる情報を無限小指標（infinitesimal character）と呼ぶことがある．両者は異なるものであり異なる情報を与えているのだが，状況によってはそれらをルーズに指標と呼ぶ場合があり，どちらを指しているかを状況や文脈で判断する必要がある．また，無限小指標を表す時に，ブラットナーパラメータとハリシュチャンドラパラメータの二つの流儀があり，これらは単に1だけシフトした値なのであるが，どちらを指すのかも紛らわしいので表などを比較引用する際にはパラメータの意味を正確に把握する必要がある．

5.3　平行移動原理

パラメータを整数差ずらした指標の間の関係を**平行移動原理**（translation principle）と呼ぶ．これは圏論的にデリケートな問題を孕んでいるが式としてはやさしく，一言で述べれば

$$(t + t^{-1})(t^n - t^{-n}) = (t^{n+1} - t^{-n-1}) + (t^{n-1} - t^{1-n})$$

という当たり前にみえる展開公式に他ならない．両辺を $t - t^{-1}$ で割り算すると，

$$(t + t^{-1})\frac{t^n - t^{-n}}{t - t^{-1}} = \frac{t^{n+1} - t^{-n-1}}{t - t^{-1}} + \frac{t^{n-1} - t^{1-n}}{t - t^{-1}}$$

となるが，この式の左辺の第2項を χ_n と書けば，左辺の第1項は χ_2 と書くことができて，

$$\chi_2\chi_n = \chi_{n+1} + \chi_{n-1} \tag{5.2}$$

と書き表すことができる．平行移動原理は，右辺の片方の項を何らかの理由で落としてもう片方の項のみを活かすことによって，左辺の χ_n から右辺の片方 χ_{n+1} の情報を得るという原理である．そのカラクリは，2段階のステップにあり，1段階目の左辺に χ_2 をかけるということは，表現でいえば，2次元表現をテンソルしたテンソル積表現を考えることにあたる．一般にはこの有限次元表現をテンソル積するプロセスは，既約性もユニタリ性も完全可約性も，いずれも破壊するので良いプロセスにはみえないのだが，そこをカバーする議論が次に待ち受けている．第2のステップは右辺の第1項のみを残して第2項を消し去るプロセスで，これはカシミール元の作用による一般固有空間分解を用いる．この式の場合は，カシミール元の固有空間分解で説明できるので一般論よりはやさしく直感的に理解しやすい．これによって，無限小指標が1ずれた表現の間の指標公式を関連づけることができる．したがって，どこかのパラメータで得られた指標公式を平行移動原理で別のパラメータに移行することで新しい公式が得られる．あるいは，全てのパラメータに対して得られた公式は，平行移動原理に伴う特殊な関係式を満足する形をしていることが追認できる．

例えば後でみるように離散系列表現の指標公式は平行移動原理と相性がよい．これによれば，最もパラメータの値が小さい離散系列表現の指標公式が得られればそれを平行移動原理で移すことで全ての指標公式が得られる．また，その離散系列表現を逆方向に平行移動原理で移すことによって離散系列表現の極限の指標公式を得ることもできる．これは具体的には

$$(t + t^{-1})\frac{t^{n-1}}{t - t^{-1}} = \frac{t^n}{t - t^{-1}} + \frac{t^{n-2}}{t - t^{-1}}$$

と書き表すことができる．また，$SL(2,\mathbb{R})$ の有限次元表現とは外れるが，コンパクト群 $SU(2)$ の有限次元ユニタリ表現に対しては，(5.2) が指標のテンソル積の既約分解に対応している．この場合は，表現が完全可約であり，右辺の二つの表現を両方とも活かすのが普通である．これを組み合わせ論や代数群の表現論では**ピエリ公式**（Pieri formula）とも呼ぶ．平行移動原理はピエリ公式と似ているものの，着目している表現以外の表現を無視することによって，一つ

の項のみを残すという点に特徴がある.

寄り道 5.3.1 この,無視する行為や操作を「ねぐる」と呼ぶ数学者がいるがこれは neglect からの派生語である.日本語で,無視する,落とす,省略する,消すなどと言うと余分な意味が付いてくるので,ねぐると言いたくなることは,ある.

平行移動原理は圏論的な定式化と相性がよく,平行移動されたものの全体へのワイル群の作用を導くことも顕著な性質である.大域指標の文脈でそれを捉えることは次の大きな課題である.

ここで $GL(2,\mathbb{C})$ の有限次元既約有理表現を構成する.$G = GL(2,\mathbb{C})$ とする.$X = \mathbb{C}^2$ の元を列ベクトル(縦ベクトル)で表す.G は X に(行列のベクトルへの掛け算で)左から作用する.

$$g = \begin{pmatrix} a & b \\ c & d \end{pmatrix}, \quad \mathbf{z} = \begin{pmatrix} z_1 \\ z_2 \end{pmatrix}, \quad g.\mathbf{z} := \begin{pmatrix} a & b \\ c & d \end{pmatrix} \begin{pmatrix} z_1 \\ z_2 \end{pmatrix}.$$

左作用とは,

$$(g_1 g_2).\mathbf{z} = g_1.(g_2.\mathbf{z})$$

なるもののことである.この時,X 上の関数全体には,ひき戻しによって G の右からの作用が自然に定まる:

$$f_g(\mathbf{z}) := f(g.\mathbf{z}).$$

つまり,

$$(f_{g_1})_{g_2} = f_{g_1 g_2} \tag{5.3}$$

を満たす.2変数 (z_1, z_2) の n 次同次(homogeneous)多項式の全体を W と書く.本来は W_n などと書くべきであるが,ここでは略記する.W の元は X 上の関数とみなせるから,同じ式 (5.3) によって W には G が右から作用する.G の各元が引き起こす W への作用は線形写像なので,W を表現空間とする G の表現が定まっていると考えられる.W の基底をとってこの表現の行列表示を与えよう.$n = 2$ とする.この時,$z_1^2, z_1 z_2, z_2^2$ という単項式による W の基底をとることができる.

$$g.\mathbf{z} := \begin{pmatrix} z'_1 \\ z'_2 \end{pmatrix}$$

と書けば，$z'_1 = az_1 + bz_2$, $z'_2 = cz_1 + dz_2$ であり，$(z'_1)^2 = a^2 z_1^2 + 2ab z_1 z_2 + b^2 z_2^2$,
$z'_1 z'_2 = ac z_1^2 + (ad + bc) z_1 z_2 + bd z_2^2$, $(z'_2)^2 = c^2 z_1^2 + 2cd z_1 z_2 + d^2 z_2^2$ となる.
したがって，

$$\begin{pmatrix} (z'_1)^2 \\ z'_1 z'_2 \\ (z'_2)^2 \end{pmatrix} = \begin{pmatrix} a^2 & 2ab & b^2 \\ ac & ad + bc & bd \\ c^2 & 2cd & d^2 \end{pmatrix} \begin{pmatrix} (z_1)^2 \\ z_1 z_2 \\ (z_2)^2 \end{pmatrix}$$

となる．これが $g \in G$ の行列表示である．これらの基底を使って W を数ベクトル空間 $\mathbb{C}^3$ と同一視する時には，数ベクトル空間は横ベクトル（行ベクトル）の空間とみなしている．すなわち，

$$\mathbb{C}^3 \ni (c_0, c_1, c_2) \mapsto (c_0, c_1, c_2) \begin{pmatrix} (z_1)^2 \\ z_1 z_2 \\ (z_2)^2 \end{pmatrix} = \sum_{i=0}^{2} c_i (z_1)^i (z_2)^{n-i} \in W$$

という線形同型によって同一視が実現されている．表現行列の数ベクトル（係数ベクトル）への作用は行列の行ベクトルへの右からの掛け算によって実現されている：

$$\mathbb{C}^3 \ni (c_0, c_1, c_2) \mapsto (c_0, c_1, c_2) \begin{pmatrix} a^2 & 2ab & b^2 \\ ac & ad + bc & bd \\ c^2 & 2cd & d^2 \end{pmatrix} \in \mathbb{C}^3.$$

以上を図式化してまとめると，

$$\begin{array}{ccc} W & \xrightarrow{g} & W \\ \downarrow & \circlearrowleft & \downarrow \\ \mathbb{C}^{n+1} & \rightarrow & \mathbb{C}^{n+1} \end{array}$$

ここでは，右作用を定義した．保形形式などでは，作用を右から考えることもしばしばあるが，表現論，特に加群の理論と相性をよくしたい場合には，作用は左から考えるのが普通である．右作用を左作用にするのに安直でよく使われる方法は，群の逆元をとる操作 $g \mapsto g^{-1}$ を活用するものである．すなわち，$\rho(g)f = f_{g^{-1}}$ と定義すれば，$\rho(g_1)(\rho(g_2)f) = \rho(g_1 g_2)f$ となり，ρ は G の W

への左作用を定める．こうすると，例えば，$g = \begin{pmatrix} a & 0 \\ 0 & 1 \end{pmatrix}$ のように，変数を a 倍する作用 $(z_1, z_2) \mapsto (az_1, z_2)$ は，多項式 $\rho(g) : W \ni z_1^n \mapsto a^{-n} z_1^n \in W$ と逆数で作用するので，注意が必要である．

また，転置行列をとる操作も $^t AB = {}^t B \, {}^t A$ のように積の順序を逆転させるので（algebra anti automorphism）右作用を左作用に移し替えるのに使われることがある．$\pi(g)f = f_{^t g}$ と定めれば，$\pi(g_1)(\pi(g_2)f) = \pi(g_1 g_2)f$ を満たす．この時は，上三角行列と下三角行列が転置で入れ替わるので注意が必要である．

次に，2 変数同次多項式から 1 変数多項式への移行を説明しよう．V を 1 変数 x の n 次以下の多項式のなす線形空間とする．一つ目のやり方は，1 次分数変換として標準的なもので，$x = z_1/z_2$ とすることで実現される同一視である．この時に，x を非同次座標，(z_1, z_2) を同次座標という．$W \to V$ という線形同型は $f(z_1, z_2) \mapsto f(x, 1)$ という代入によって実現されている．一方で，$V \to W$ という線形同型は，$f(x) \mapsto z_2^n f(z_1/z_2)$ という，代入してから「分母を払う」という操作によって実現されている．これらは互いに逆写像である．$n = 2$ の場合に，W の基底 $z_1^2, z_1 z_2, z_2^2$ に対応する V の基底は $x^2, x, 1$ である．この線形同型 $W \cong V$ を通じて，W への G の右作用は，V への G の右作用を定める．

$$
\begin{array}{ccc}
W & \to & W \\
\downarrow & \circlearrowleft & \downarrow \\
V & \to & V
\end{array}
$$

しかし場合によっては，V の基底を降冪 $x^2, x, 1$ ではなく，昇冪 $1, x, x^2$ に並べたい時もある．例えば，n に関して増大する表現空間の列が与えられている時には，新しいもの x^{n+1} を最後に付け加えるのが普通なので，それと同調した行列表示を用いるためである．

寄り道 5.3.2 2 つの異なった操作や変更結果などが，期待通りにうまく同調している時に compatible と言う．

この時の調整の仕方には 2 通り考え方がある．一つ目は，W と V の同型の時に，$x = z_2/z_1$ のように変更するものである．もう一つは，そもそも W への作用を変更してしまおうというものである．これら二つが，実は同じもの

の異なる見方であることを説明しよう．ここだけの記号だが，$\iota_1 : W \to V$, $\iota_2 : W \to V$ を $\iota_1(f)(x) = f(x, 1)$, $\iota_2(f)(x) = f(1, x)$ と定める．ι_1 が前の段落で使ってきた $x = z_1/z_2$ に対応するものであり，ι_2 がこの段落で新しく導入した $x = z_2/z_1$ に対応するものである．この時，ι_1 と ι_2 の関係は簡単に見てとれて，$\iota_3 : V \to V$ を $\iota_3(f)(x) = x^n f(1/x)$ と定めると，$\iota_2 = \iota_3 \circ \iota_1$ の関係にある．一方でこれを W の方に押しつけて，$\iota_4 : W \to W$ を $\iota_4(f)(z_1, z_2) = f(z_2, z_1)$ とすることもできる．この時に，ι_4 が $\begin{pmatrix} 0 & 1 \\ 1 & 0 \end{pmatrix} \in G$ の右作用にぴったり一致していることが著しい．

$$
\begin{array}{ccc}
W & = & W \\
\iota_1 \downarrow & \circlearrowleft & \downarrow \iota_2 \\
V & \xrightarrow{\iota_3} & V
\end{array}
\qquad
\begin{array}{ccc}
W & \xrightarrow{\iota_4} & W \\
\iota_1 \downarrow & \circlearrowleft & \downarrow \iota_1 \\
V & \xrightarrow{\iota_3} & V
\end{array}
$$

既存の文献では，さまざまな都合があって，種々の習慣で表現が定義されている．ここではこれらの間の関係を詳述したが，文献にはあまり丁寧に書かれていないようである．

5.4 主系列表現の指標

5.4.1 核関数によるトレースの計算

$U = U(\sigma, \nu)$ を主系列表現 $U(\nu^+, \nu^-) = U(\nu^+, 1 - \overline{\nu^-})$ の表現作用素とする．σ, ν が文脈からわかる時には U と略記する．ここで，$\nu = \nu^+ + \nu^- - 1 (= 2i \operatorname{Im} \nu^+ \in i\mathbb{R})$ と略記し，また M の表現 σ は，$\operatorname{Re} \nu^+ = \frac{1}{2}$ の時に $\sigma = \mathbb{1}$ と，$\operatorname{Re} \nu^+ = 0$ の時に $\sigma = \operatorname{sgn}$ と定める．試験関数 f に対して $U(f)$ を畳み込みで定義される作用素とする．すなわち，

$$
U(f)v = \int_G f(g) U(g) v \, dg.
$$

表現空間 $L^2(K)_\sigma$ の関数 φ に対して，作用素 $U = U(f)$ の作用を計算する．

$$
\begin{aligned}
(U\varphi)(k) &= \int_G e^{-(\nu + \rho) H(x^{-1}k)} \varphi(\kappa(x^{-1}k)) f(x) \, dx \\
&= \int_G e^{-(\nu + \rho) H(x)} \varphi(\kappa(x)) f(kx^{-1}) \, dx
\end{aligned}
$$

$$= \int_{KNA} e^{-(\nu+\rho)\log a}\varphi(k')f(ka^{-1}n^{-1}k'^{-1})dk'dnda.$$

ここで, 積分変数の変数変換 $x = k'na \in KNA$ を用いている. 1 行目の記号を用いると $x \in \kappa(x)N\exp H(x)$ となっている. $E : L^2(K) \to K^2(K)_\sigma$ を直交射影とする. 具体的には

$$(E\varphi)(k) = \int_M \sigma(m)\varphi(km)dm$$

である. この時,

$$(E\varphi)(k) = \int_{KNA\times M} e^{-(\nu+\rho)\log a}\sigma(m)\varphi(k')f(ka^{-1}n^{-1}mk'^{-1})dmdk'dnda$$
$$= \int_K L(k,k')\varphi(k')dk'.$$

ここで, 積分核は次のように定義される:

$$L(k,k') = \int_{MAN} e^{(\nu+\rho)\log a}\sigma(m)f(kmank'^{-1})dmdadn.$$

したがって,

$$\mathrm{Tr}\, U = \int_K L(k,k')dk$$
$$= \int_{K\times MAN} e^{(\nu+\rho)\log a}\sigma(m)f(kmank^{-1})dmdadn$$
$$= \int_{MA} e^{(\nu+\rho)\log a}\sigma(m)\int_{K\times N} f(kmanmk^{-1})dkdn\, dmda.$$

ここで内部の積分は次のように計算される.

$$\int_{K\times N} f(kmank^{-1})dkdn = \left|e^t - e^{-t}\right|\int_{G/T} f(xmax^{-1})dx^*$$
$$= m^{-1}F_f^T(ma).$$

ここで, 最後の等式では次の軌道積分の一般公式を用いた.

補題 5.4.1 (1) $t \in \mathbb{R}$ に対して, $a = a_t$ とし, $ma \in MA$ とすると,

$$F_f^T(ma) = m\left|e^t - e^{-t}\right|\int_{G/T} f(xmax^{-1})dx^*.$$

(2) $\theta \in [0, 2\pi)$ とすると, $k = k_\theta$ に対して,

$$F_f^B(k) = (e^{i\theta} - e^{-i\theta})\int_{G/B} f(xkx^{-1})dx^*.$$

110 | 5. 既約ユニタリ表現の指標

状況を少し一般化した方が見通しがよい. $SL(2,\mathbb{R})$ の共役類分解は, $SL(2,\mathbb{R}) \times SL(2,\mathbb{R})$ への左右両側からの $SL(2,\mathbb{R})$ の対角作用と一致する. 実際,

$$SL(2,\mathbb{R}) \times SL(2,\mathbb{R}) \ni (g_1, g_2) \mapsto g_1 g_2^{-1} \in SL(2,\mathbb{R})$$

がその写像を与える. また, $SL(2,\mathbb{R}) \times SL(2,\mathbb{R})$ は $SO_0(2,2)$ と局所同型である. $SL(2,\mathbb{R}) \times SL(2,\mathbb{R})$ は M_2 に自然に作用し, しかも, その像は M_2 の行列式を不変にする. 像は連結部分群なので $SO_0(2,2)$ に含まれることがわかった. 実は像と一致することがわかる. また, 作用の核はスカラー行列からなることから, $(I_2, I_2), (-I_2, -I_2)$ の 2 元である. その局所同型によって対角部分群 $SL(2,\mathbb{R})$ は $SO_0(1,2)$ に移される. したがって, 軌道積分は $SO_0(2,2)/SO_0(1,2)$ に対して行えばよい.

ここで軌道積分の対称性を使う.

補題 5.4.2 $w = \begin{pmatrix} 0 & 1 \\ -1 & 0 \end{pmatrix}$ に対して, $waw^{-1} = a^{-1}$ となる. したがって, $F_f^T(ma) = F_f^T(ma^{-1})$ が成り立つ.

これを用いて $\operatorname{Tr} U$ の計算を続ける. また, $e^{\nu \log a} = a^{\nu}$ と略記する. すると,

$$\operatorname{Tr} U = \int_{MA} a^{\nu} \sigma(m) m^{-1} F_f^T(ma) \, dm \, da$$
$$= \int_{MA} \frac{1}{2}(a^{\nu} + a^{-\nu}) \sigma(m) m^{-1} F_f^T(ma) \, dm \, da.$$

これをワイルの積分公式

$$\operatorname{Tr} U = \int_B (e^{i\theta} - e^{-i\theta}) F_f^B(\theta) \Theta(\theta) \frac{d\theta}{2\pi} + \int_{MA} m \left| e^t - e^{-t} \right| F_f^T(ma) \Theta(ma) \, dm \, da$$

と比較すると, 次の結果が得られる.

命題 5.4.3 (1) K 上で $\Theta(\theta) = 0$.

(2) $ma \in MA$ に対して,

$$m \left| e^t - e^{-t} \right| \Theta(ma) = \sigma(m) m^{-1} \frac{1}{2}(a^{\nu} + a^{-\nu}).$$

以上の公式から次の対称性が再確認できる.

補題 5.4.4 $m = M, a \in A$ に対して

$$\Theta(ma) = \Theta(ma^{-1}),$$

$$\Theta(ma) = \sigma(m)\Theta(a).$$

この節の主定理を最後にまとめる. これは指標表の一部である.

	$\sigma = \mathbf{1}$	$\sigma = \mathrm{sgn}$
K	0	0
$t > 0, m = I_2$	$\dfrac{\cosh \nu t}{2 \sinh t}$	$\dfrac{\cosh \nu t}{2 \sinh t}$
$t < 0, m = I_2$	$\dfrac{\cosh \nu t}{-2 \sinh t}$	$\dfrac{\cosh \nu t}{-2 \sinh t}$
$t > 0, m = -I_2$	$\dfrac{-\cosh \nu t}{2 \sinh t}$	$\dfrac{\cosh \nu t}{2 \sinh t}$
$t < 0, m = -I_2$	$\dfrac{-\cosh \nu t}{-2 \sinh t}$	$\dfrac{\cosh \nu t}{-2 \sinh t}$

5.4.2 被覆群の表現の指標公式

$\tilde{K} := \mathbb{R}$ とし, $\tilde{k}_\theta = \theta \in \tilde{K}$ とする.

$$\varpi : \tilde{K} \ni \theta \mapsto k_\theta \in K$$

と定める. $Z = M = \{k_0, k_\pi\} \subset K$ に対して, $\tilde{Z} := \varpi^{-1}(Z) = \pi\mathbb{Z}$ と定める. $\varepsilon \in \mathbb{R}/\mathbb{Z}$ に対して, 1 次元指標を

$$\chi_\varepsilon(\theta) = \tilde{Z} \ni \theta \mapsto e^{i\varepsilon\theta} \in U(1)$$

と定義する. なお, これが Z の上の関数となる必要十分条件は $\varepsilon \in \mathbb{Z}/2\mathbb{Z}$ である. $\mathrm{sgn} : Z \to \{\pm 1\} \subset U(1)$ を $\mathrm{sgn}(\pm I_2) = \pm 1$ で定義し, $\mathbf{1} : Z \to \{\pm 1\} \subset U(1)$ を $\mathbf{1}(\pm I_2) - 1$ で定義している. Z の 1 次元指標は $\mathbf{1}$ と sgn の二つである. $\varepsilon = 0 \in \mathbb{Z}/2\mathbb{Z} \subset \mathbb{R}/2\mathbb{Z}$ の時 $\chi_0(\theta) = \mathbf{1}(\varpi(\theta))$, $\varepsilon = 1 \in \mathbb{Z}/2\mathbb{Z} \subset \mathbb{R}/2\mathbb{Z}$ の時 $\chi_1(\theta) = \mathrm{sgn}(\varpi(\theta))$ が $\theta \in \tilde{Z} = \pi\mathbb{Z}$ に対して成立している. この対応で $\sigma \in \{\mathbf{1}, \mathrm{sgn}\}$ を $\varepsilon \in \{0, 1\} = \mathbb{Z}/2\mathbb{Z}$ と同一視する.

	$\varepsilon = 0$	$\varepsilon = 1$
$\theta = 0$	1	1
$\theta = \pi$	1	-1

112 | 5. 既約ユニタリ表現の指標

補題 5.4.5 ウエイトが $\varepsilon + 2\mathbb{Z}$ の部分集合であるような既約表現の指標 Θ は，$z \in \tilde{Z}, g \in \tilde{G}$ に対して，$\Theta(zg) = \chi_\varepsilon(z)\Theta(g)$ をみたす.

普遍被覆群の既約ユニタリ表現には $\varepsilon = 0, 1$ とは限らないパラメータが現れる. まず，最初に表にして表す.

	共役類	連結成分	表現	連結成分の指標
$SL(2, \mathbb{R})$	$a^t (t > 0)$	$m \in M = \{\pm I_2\}$	$\nu \in \mathbb{R}_{\geq 0}$	$\sigma \in \{\mathbf{1}, \mathrm{sgn}\} \cong \{0, 1\}$
被覆群	$a^t (t > 0)$	$\eta \in \tilde{M} = \mathbb{Z}$	$\nu \in \mathbb{R}_{\geq 0}$	$\varepsilon \in [0, 2)$

群準同型 $\tilde{M} \to M$ は $\mathbb{Z} \to \mathbb{Z}/2\mathbb{Z} = \{\bar{0}, \bar{1}\} \cong \{\pm 1\} \cong \{\pm I_2\}$ で与えられる. M の表現のパラメータは，$\{\mathbf{1}, \mathrm{sgn}\} \cong \{0, 1\} \subset [0, 2) \cong \mathbb{R}/2\mathbb{Z}$ で $\tilde{M}$ の表現のパラメータに埋め込まれる. 連続変数 ε は離散変数 σ を連続的に補間している.

普遍被覆群の主系列表現の双曲元 $\tilde{k}_{\pi\eta}a_t$ での指標の値は，

$$\frac{\cosh(\nu t)}{2 \sinh t} \chi_\varepsilon(\pi\eta)$$

で与えられる. ここで $\nu = \nu^+ + \nu^- - 1$, $\varepsilon = \nu^+ - \nu^-$, $\pi\eta \in \pi\mathbb{Z} = \tilde{Z} = \tilde{M}$ である. $\varepsilon = 0, 1$ の場合は $\chi_\varepsilon(\pi\eta) = \exp(\pi i \varepsilon\eta) = (-1)^{\varepsilon\eta}$ であり，± 1 の値をとる. これは指標表 (p.111) の表す値と一致する. 主系列表現と補系列表現の指標公式は，パラメータ (ν, ε) あるいは (ν^+, ν^-) で表した時に同じ形をしている.

次に，普遍被覆群の正則離散系列表現 $W(\lambda^2 - 2\lambda, \lambda)$ の指標 (5.5 節) を考える. まず，双曲元 $\tilde{k}_{\pi\eta}a_t$ での指標の値は，

$$\frac{e^{-(\lambda-1)t}}{2 \sinh t} \chi_\lambda(\pi\eta)$$

となる. 対応を表にすると

	共役類	連結成分	表現のパラメータ
$SL(2, \mathbb{R})$	$a^t (t > 0)$	$m \in M = \{\pm I_2\}$	$n \in \mathbb{N}$
被覆群	$a^t (t > 0)$	$\eta \in \tilde{M} = \mathbb{Z}$	$\lambda > 0$

λ が自然数の時が，5.5 節で説明する $SL(2, \mathbb{R})$ の正則離散系列表現の場合であ

り，普遍被覆群の場合は $\lambda > 0$ は実数を動く連続変数である．λ が整数 n の場合は $\chi_\lambda(\pi\eta) = (-1)^{n}\eta$ であり，$SL(2,\mathbb{R})$ の指標公式 (p.117) に現れている符号と同じである．

一方，普遍被覆群の正則離散系列表現の楕円共役類での指標の値は，

$$\frac{\chi_{-(\lambda-1)}(\tilde{k}_\theta)}{2i\sin\theta}$$

となる．$\lambda > 0$ が自然数 n の場合は，p.117 の指標表の値と一致している．この場合も，やはり離散パラメータ n を連続パラメータ λ で補間する公式になっている．また，正則離散系列表現の極限や正則擬離散系列表現の指標は正則離散系列表現と同じ形をしている．反正則の場合も同様である．したがって，$SL(2,\mathbb{R})$ の普遍被覆群の指標公式は，対称性を駆使すると，主系列表現，離散系列表現，自明表現の 3 つの表現のクラスにまとめることができる．

5.5 離散系列表現

5.5.1 対称性のまとめ

主系列表現の時と使う対称性は異なるものの，今度は外部対称性を活用することが著しいのでそれを説明する．$\dot{g} = \begin{pmatrix} 1 & 0 \\ 0 & -1 \end{pmatrix}$ とする．$\dot{g} \in GL(2,\mathbb{R})$ ではあるもの，$\dot{g} \notin SL(2,\mathbb{R})$ であることに注意しよう．にもかかわらず，$\dot{g}$ は $SL(2,\mathbb{R})$ を正規化（normalize）している．すなわち，任意の $g \in SL(2,\mathbb{R})$ に対して，$\dot{g}g\dot{g}^{-1} \in SL(2,\mathbb{R})$ である．なお，$\dot{g}^2 = I$ なので $\dot{g} = \dot{g}^{-1}$ でもある．

補題 5.5.1 (1) $\dot{g}$ は MA の元と可換である．

(2) $\mathrm{O}_n^+(\dot{g}g\dot{g}) - \mathrm{O}_n^-(g)$.

(3) 特に $g \in MA$ の時は，$\Theta_n^+(g) = \Theta_n^-(g)$ である．

ここまでの議論で 3 種類の対称性が散発的に現れている．これらをまとめると次のようになる．

・w の引き起こす対称性：$t > 0$ と $t < 0$ の対称性．$a \mapsto a^{-1}$ にあたる．

・$\dot{g}$ の引き起こす対称性：$\theta \mapsto -\theta$，つまり $k \mapsto k^{-1}$ にあたる．

・$\sigma(m)$ の引き起こす対称性．

いずれも位数2の対称性である. このことが指標公式の指標表に反映されている. これを表にまとめると

対称性	$a \mapsto a^{-1}$	$k \mapsto k^{-1}$	$\sigma(m)$
パラメータ	$t \mapsto -t$	$\theta \mapsto -\theta$	$\cos(2\pi\varepsilon\eta)$

5.5.2 離散系列表現の直和の指標公式

実は, 主系列表現の既約分解を用いると, 二つの離散系列表現の直和の指標公式は見通しのよい短い手順で得られる. ここではその議論を紹介する.

補題 5.5.2 表現 V が部分表現 W をもつとする. 商表現を V/W と書く. これらの指標が存在するとし, それぞれを $\Theta_V, \Theta_W, \Theta_{V/W}$ と書く. この時, G 上の超関数としての等式

$$\Theta_V = \Theta_W + \Theta_{V/W}$$

が成り立つ.

これは, 行列のトレースのなす性質の反映であると考えられる. この事実を, 指標がグロタンディーク群からの写像を与えていると述べることもできる. 補題 3.2.15 の $V = U(\nu^+, \nu^-)$ と, その部分表現 $W = W_- \oplus W_+$ にこの定理を適用する. この時, V/W は有限次元表現であり, $W_\pm$ は正則離散系列表現と反正則離散系列表現である. これで特別な二つの離散系列表現の直和に対する指標公式が得られる.

5.5.3 既約な離散系列表現の指標公式

上で得られた二つの直和の一つ一つの指標を求めるには工夫が必要である. この節ではそれを説明する.

f を G 上の試験関数でその台が B の共役類に含まれるものとする. この時, $\mathrm{Tr}\,\mathfrak{D}_n^+(f)$ を計算することで B 上の指標を求める. まず,

$$\begin{aligned}
\mathrm{Tr}\,\mathfrak{D}_n^+(f) &= \mathrm{Tr} \int_G f(x)\mathfrak{D}_n^+(x)dx \\
&= \mathrm{Tr} \int_{G \times B} 4f(xkx^{-1})\mathfrak{D}_n^+(xkx^{-1})\sin^2\theta d\theta dx.
\end{aligned}$$

ただし，$k = k_\theta$ である．ここで

$$\mathfrak{D}_n^+(xkx^{-1}) = \mathfrak{D}_n^+(x)\mathfrak{D}_n^+(k)\mathfrak{D}_n^+(x)^{-1}$$

であるからトレースによって $\mathfrak{D}_n^+(x)$ による共役の効果は消せて，

$$\operatorname{Tr}\mathfrak{D}_n^+(f) = \int_{G \times B} 4f(xkx^{-1})\operatorname{Tr}\mathfrak{D}_n^+(k)\sin^2\theta d\theta dx.$$

ここで，

$$\begin{aligned}
\operatorname{Tr}\mathfrak{D}_n^+(k) &= \sum_{l=0}^{\infty}(\mathfrak{D}_n^+(k)\phi_l, \phi_l) \\
&= \sum_{l=0}^{\infty} e^{i(n+2l)\theta} \\
&= \frac{e^{in\theta}}{1 - e^{2i\theta}} \\
&= -\frac{e^{i(n-1)\theta}}{e^{i\theta} - e^{-i\theta}}
\end{aligned}$$

となる．ただし，途中に現れた無限等比級数はこのままでは収束しないので，θ は複素数で虚部が正のものと考える必要がある．また，$-4\sin^2\theta = (e^{i\theta} - e^{-i\theta})^2$ である．これらを代入すると，

$$\operatorname{Tr}\mathfrak{D}_n^+(f) = \int_{G \times B}(e^{i\theta} - e^{-i\theta})^2 f(xkx^{-1})\left(-\frac{e^{i(n-1)\theta}}{e^{i\theta} - e^{-i\theta}}\right)d\theta dx.$$

これをワイルの積分公式

$$\int_G f(x)\Theta(x)dx = \int_B(e^{i\theta} - e^{-i\theta})^2 \int_{G/B} f(xkx^{-1})dx^* \frac{d\theta}{2\pi}$$

と比較すると，$\mathfrak{D}_n^+$ の指標の K 上の表示が $-\frac{e^{i(n-1)\theta}}{e^{i\theta} - e^{-i\theta}}$ となることが示された．

次に対称性を利用する．

$$\Theta_n^-(g) = \Theta_n^+(\dot{g}g\dot{g})$$

である．$\dot{g}k_\theta\dot{g} = k_{-\theta}$ であるから，

$$\Theta_n^-(k_\theta) = \Theta_n^+(\dot{g}k_\theta\dot{g}) = \Theta_n^+(k_{-\theta})$$

となる．つまり，$\mathfrak{D}_n^-$ の指標の K 上の表示が $-\frac{e^{i(n-1)(-\theta)}}{e^{-i\theta} - e^{i\theta}} = \frac{e^{-i(n-1)(\theta)}}{e^{i\theta} - e^{-i\theta}}$ となることが示された．

116 | 5. 既約ユニタリ表現の指標

定理 5.5.3 離散系列表現の K 上の指標の値は

$$\Theta_n^+(k_\theta) = -\frac{e^{i(n-1)\theta}}{e^{i\theta} - e^{-i\theta}},$$

$$\Theta_n^-(k_\theta) = \frac{e^{-i(n-1)\theta}}{e^{i\theta} - e^{-i\theta}}.$$

以上から，直和表現 $\mathfrak{D}_n^+ \oplus \mathfrak{D}_n^-$ の指標の K 上の表示は

$$\Theta_n^+(k_\theta) + \Theta_n^-(k_\theta) = -\frac{e^{i(n-1)\theta} - e^{-i(n-1)\theta}}{e^{i\theta} - e^{-i\theta}},$$

$$= -\Big(\underbrace{e^{i(n-2)\theta} + e^{i(n-4)\theta} + \cdots + e^{-i(n-2)\theta}}_{(n-1)\,項}\Big)$$

となり，この括弧の中身は $(n-1)$ 次元既約表現の指標と一致している．

次に離散系列表現の MA 上の表示を求める．$m \in M$ の元の寄与は $\sigma(m)$ がかかるだけなので，A 上の表示に集中する．$a > 0$ を用いて，$\begin{pmatrix} a & 0 \\ 0 & 1/a \end{pmatrix} \in A$ であり，さらに，$t = \log a, a = e^t$ というパラメータを用いる．$t \in \mathbb{R}$ である．

$$\Theta_n^+(a) = \Theta_n^-(a) = \frac{1}{2}\frac{t^\nu(1 - \operatorname{sgn} t) + t^{-\nu}(1 + \operatorname{sgn} t)}{|e^t - e^{-t}|}.$$

この式の $t > 0$ の時と $t < 0$ の時の値を比較する．それぞれ，

$$\frac{t^{-\nu}}{e^t - e^{-t}}, \quad \frac{t^\nu}{e^{-t} - e^t}$$

となる．つまり，$t \mapsto -t$ によって互いに移り合う関係にある．一方で，主系列表現の指標を思い出すと，

$$\Theta_\nu(a) = \frac{t^\nu + t^{-\nu}}{|e^t - e^{-t}|}$$

であるので

$$\Theta_\nu(a) - \Theta_n^+(a) - \Theta_n^-(a) = \frac{(\operatorname{sgn} t)(t^\nu - t^{-\nu})}{|e^t - e^{-t}|}$$

$$= \frac{t^\nu - t^{-\nu}}{e^t - e^{-t}}.$$

ここで $\nu = n - 1$ とすると，これは $(n-1)$ 次元既約表現の指標と一致している．なお，途中で用いた

$$(\operatorname{sgn} t)(t^\nu - t^{-\nu}) = |e^t - e^{-t}|$$

のそれぞれの項は特徴的な良い点があり，左辺の第1項は符号，左辺の第2項は正値，右辺は解析的，となっている．

以上をまとめて，指標表は次のようになる．

K	正則	反正則
	$\dfrac{e^{-i(n-1)\theta}}{2i\sin\theta}$	$\dfrac{-e^{i(n-1)\theta}}{2i\sin\theta}$
$t>0, m=I_2$	$\dfrac{e^{-(n-1)t}}{2\sinh t}$	$\dfrac{e^{-(n-1)t}}{2\sinh t}$
$t<0, m=I_2$	$\dfrac{e^{(n-1)t}}{2\sinh t}$	$\dfrac{e^{(n-1)t}}{2\sinh t}$
$t>0, m=-I_2$	$(-1)^{n-1}\dfrac{e^{-(n-1)t}}{2\sinh t}$	$(-1)^{n-1}\dfrac{e^{-(n-1)t}}{2\sinh t}$
$t<0, m=-I_2$	$(-1)^{n-1}\dfrac{e^{(n-1)t}}{2\sinh t}$	$(-1)^{n-1}\dfrac{e^{(n-1)t}}{2\sinh t}$

以上の二つの節で与えた二つの表を合わせたものが指標表となる．

K	球主系列	非球主系列	正則離散	反正則離散	自明
	0	0	$\dfrac{e^{-i(n-1)\theta}}{2i\sin\theta}$	$\dfrac{-e^{i(n-1)\theta}}{2i\sin\theta}$	1
$t>0, m=I_2$	$\dfrac{\cosh\nu t}{2\sinh t}$	$\dfrac{\cosh\nu t}{2\sinh t}$	$\dfrac{e^{-(n-1)t}}{2\sinh t}$	$\dfrac{e^{-(n-1)t}}{2\sinh t}$	1
$t<0, m=I_2$	$\dfrac{\cosh\nu t}{-2\sinh t}$	$\dfrac{\cosh\nu t}{-2\sinh t}$	$\dfrac{e^{(n-1)t}}{2\sinh t}$	$\dfrac{e^{(n-1)t}}{2\sinh t}$	1
$t>0, m=-I_2$	$\dfrac{-\cosh\nu t}{2\sinh t}$	$\dfrac{\cosh\nu t}{2\sinh t}$	$(-1)^{n-1}\dfrac{e^{-(n-1)t}}{2\sinh t}$	$(-1)^{n-1}\dfrac{e^{-(n-1)t}}{2\sinh t}$	1
$t<0, m=-I_2$	$\dfrac{-\cosh\nu t}{-2\sinh t}$	$\dfrac{\cosh\nu t}{-2\sinh t}$	$(-1)^{n-1}\dfrac{e^{(n-1)t}}{2\sinh t}$	$(-1)^{n-1}\dfrac{e^{(n-1)t}}{2\sinh t}$	1

5.6 貼り合わせ公式

指標公式の特別な場合の極限を考える．楕円型共役類の元 $k_0 \in K$ は $\theta - 0, \pi$ の時，

$$k_0 = I, \quad k_\pi = -I$$

となる．また，$m=1$ で $t=+0$ とすると，$a_t = I$ であり，$m=-1$ で $t=+0$ とすると，$a_t = -I$ となる．すなわち，楕円型共役類 k_θ と双曲型共役類 a_t はこの2点 $\pm I$ で近づいている．この時，指標の値も近づいているだろうか．

指標公式をみると，この点で分母が 0 になるため，指標の $\theta = 0, \pi$ での極限

118 | 5. 既約ユニタリ表現の指標

は無限大に発散している．そのため，極限の値をそのままでは考えることができない．そこで，合理的に分母を払って，分子だけを考えた極限を考える．また，単に値だけではなくて，1次の微分係数も考える．この2点が以下で扱う貼り合わせ公式の特徴である．

正則離散系列表現 $\mathfrak{D}_n^+$ の指標公式の分子を抜き出すと，

群の元	指標の値	指標の分子
K	$-\dfrac{e^{i(n-1)\theta}}{e^{i\theta}-e^{-i\theta}}$	$-e^{i(n-1)\theta}$
$t>0$	$\sigma(m)\dfrac{e^{(n-1)t}}{e^t-e^{-t}}$	$\sigma(m)e^{(n-1)t}$
$t<0$	$\sigma(m)\dfrac{e^{(n-1)t}}{e^{-t}-e^t}$	$\sigma(m)e^{-(n-1)t}$

となる．ここで整理する関係式は模式的にいえば

$$i\frac{d}{d\theta}\Big|_{\theta=0} = \frac{d}{dt}\Big|_{t=+0} \qquad \text{単位元の近く} \qquad (5.4)$$

$$i\frac{d}{d\theta}\Big|_{\theta=\pi} = \frac{d}{dt}\Big|_{t=+0} \qquad -I \text{ の近く} \qquad (5.5)$$

である．これを説明する．上で求めた指標の分子に対して1階微分の境界点での値をみると，

$$i\frac{d}{d\theta}\Big|_{\theta=0}\left(-e^{i(n-1)\theta}\right) = (n-1), \qquad (5.6)$$

$$i\frac{d}{d\theta}\Big|_{\theta=\pi}\left(-e^{i(n-1)\theta}\right) = (n-1)(-1)^{n-1}, \qquad (5.7)$$

$$\frac{d}{dt}\Big|_{t=+0}\sigma(m)e^{(n-1)t} = (n-1)\sigma(m) \qquad (5.8)$$

となる．m が単位元の時の (5.8) が (5.6) と一致していることが (5.4) を示している．また，m が $-I$ の時，$\sigma(-I) = (-1)^{n-1}$ であるから，その時の (5.8) が (5.7) と一致していることが，(5.5) を示している．

分子の満たす微分方程式はカシミール元から定まるもので，それは

$$\left(i\frac{d}{d\theta}\right)^2 - (n-1)^2,$$

$$\frac{d^2}{dt^2} - (n-1)^2$$

となる．$n \neq 1$ の場合，この 2 次式は二つの 1 次式の積に分解できる．したがって，それぞれ次の二つの微分方程式の直和になっている：

$$i\frac{d}{d\theta} - (n-1), \quad i\frac{d}{d\theta} + (n-1),$$
$$\frac{d}{dt} - (n-1), \quad \frac{d}{dt} + (n-1).$$

既約な離散系列表現の場合は G をいくつかの領域に分ければ，それぞれの連結成分では上の二つの微分方程式のどちらかの解になっている．しかし，離散系列表現の直和や有限次元表現や主系列表現の場合には，1 階の方程式は満たされず，2 階の方程式を満たしている．そのことをみるために，主系列表現の場合を計算してみよう．主系列表現の指標表から

群の元	指標の値	指標の分子
K	0	0
$t > 0$	$\sigma(m)\frac{\cosh \nu t}{2\sinh t}$	$\sigma(m)\cosh \nu t$
$t < 0$	$-\sigma(m)\frac{\cosh \nu t}{2\sinh t}$	$-\sigma(m)\cosh \nu t$

となる．この時，楕円型共役類での指標の値は 0 である．一方で，双曲型共役類での指標の値の分子は 0 にならないが，その 1 階微分は奇関数なので $t = 0$ の時の値は 0 である．したがって，$0 = 0$ という等式の意味で，関係式 (5.4)，(5.5) がやはり成立している．

例 1.3.18 の行列 g_x は，$x = 0$ で単位元を表し，$x > 0$ で (5.4) の右辺の項にあたるところを動き $x < 0$ で (5.4) の左辺の項にあたるところを動く．指標を 1 次元の直線 $\{g_x | x \in \mathbb{R}\} \subset SL(2, \mathbb{R})$ に制限した時に，共役類が双曲から楕円に変わる点で指標公式は変わるものの，「つながっている」感じを表すのが貼り合わせ公式である．

付録1 ┃ 行　　列

　本文で省略した用語や定理などを，他の本格的な本を参照する手間を省くために短く紹介する．独立した話題や証明であり，バラバラに読めるように配慮している．本書に登場した順序ではなく，まず行列に関することをまとめる．

A1.1　内包的記法と外延的記法

　一般に集合を表す時に

$$\{a, b, c, \ldots\}$$

のように要素を書き並べる方法を**外延的記法**と呼び，

$$\{x \mid x \text{ は条件 P を満たす}\}$$

のように，ある条件を満たすものの集まりとして書く方法を**内包的記法**と呼ぶ．例えば，$SO(2)$ でいえば，定義の式 (1.1) は内包的記法であり，表示 (1.3) や

$$SO(2) = \left\{ \begin{pmatrix} x & \mp\sqrt{1-x^2} \\ \pm\sqrt{1-x^2} & x \end{pmatrix} \middle| -1 \leq x \leq 1 \right\} \tag{A1.1}$$

は外延的記法といえる．定理として得られた (1.2) は外延的記法に近いがやや中途半端でもある．大げさな言い方をすれば，方程式を**解く**という作業は，性質を使って内包的記法で定義された集合を要素を書き並べる外延的記法による方法に書き換える営みといえる．

　表示 (1.3) や (A1.1) は三角関数や無理関数を用いているので有理式の範囲を逸脱している．三角関数はなめらかなのでリー群を記述する時に使用するのに差し支えはないが，代数群の範囲で話を完結させたい時には有理式で書き表し

A1.2　3 次元回転行列の有理式表示　│　*121*

たい．これを単位円の時に実行すると，

$$\{(s,t) \in \mathbb{R}^2 \mid s^2 + t^2 = 1\} \setminus \{(-1,0)\} = \left\{ \left. \left(\frac{1-t^2}{1+t^2}, \frac{2t}{1+t^2} \right) \right| t \in \mathbb{R} \right\}.$$
(A1.2)

なお，(A1.2) の右辺で $t = \infty$ の極限を考えると，左辺の除外点 $(-1,0)$ に対応している．すなわち，正確な意味づけには射影直線の用語が必要とはなるが，

$$\{(s,t) \in \mathbb{R}^2 \mid s^2 + t^2 = 1\} = \left\{ \left. \left(\frac{1-t^2}{1+t^2}, \frac{2t}{1+t^2} \right) \right| t \in \mathbb{R} \cup \{\infty\} \right\}$$

が成立していると考えてよい．

　先走っていうと，内包的記法は行列のサイズが大きくなってもそのままうまくいくが，外延的記法は主に 2 次の行列の時にうまくいく方法であり，3 次以上だとたいていうまくいかない．その不具合を克服するために，行列分解やルート系による方法など，部分に分けるさまざまな技法が開発されているともいえる．

A1.2　3 次元回転行列の有理式表示

　3 次元の回転行列の全てではないがほとんどを有理式で表示できる．なお，この表示はロドリゲスの公式とは異なる．

　3 次の実交代行列，すなわち，$A = -{}^t A$ を満たす実行列の全体を Alt_3 と定める．なおこれは線形空間として $\mathfrak{so}_3$ と同じである．

補題 A1.2.1　交代行列 $A \in \mathrm{Alt}_3$ に対して，$g = (I + A)(I - A)^{-1}$ は $SO(3)$ の元である．また，$(g - I)(g + I)^{-1} = A$ である．

証明　まず，交代行列の固有値は純虚数なので，1 を固有値にもつことはないから，$I - A$ は正則行列である．そして，

$${}^t g = (I - {}^t A)^{-1}(I + {}^t A) = (I + A)^{-1}(I - A) = (I - A)(I + A)^{-1}$$

より $g^t g = I$，つまり $g \in O(3)$ がわかる．また，

$$\det(I - A) = \det(I - {}^t A) = \det(I + A)$$

より $\det g = 1$ であるから，$g \in SO(3)$ である．さらに，$g - I = 2A(I - A)^{-1}$，$g + I = 2(I - A)^{-1}$ ゆえ，$(g - I)(g + I)^{-1} = A$ となる．　□

122 | 付録1 行　　列

補題 A1.2.2　写像

$$\text{Alt}_3 \ni A \mapsto (I - A)(I + A)^{-1} \in SO(3)$$

は連続な単射である.

$$U_1 = \{g \in M_3(\mathbb{R}) \mid \det(g + I_3) \neq 0\},$$
$$V_1 = U_1 \cap SO(3)$$

と定めると, 像は V_1 である.

なお, U_1 に属する条件は g が固有値 -1 をもたないことなので, U_1 は $M_3(\mathbb{R})$ の稠密な開集合であり, V_1 は $SO(3)$ の稠密な開集合である.

この補題は次のケーリー変換の性質と関係している. 絶対値 1 の複素数 z は $z \neq -1$ ならば, 実数 t を用いて $z = \frac{1+it}{1-it}$ と表せる. $z-1 = \frac{2it}{1-it}, 1+z = \frac{2}{1-it}$ なので, $it = \frac{z-1}{z+1}$ である. 写像

$$\mathbb{R} \ni t \mapsto \frac{1 + it}{1 - it} \in \{z \in \mathbb{C} \mid |z| = 1, z \neq -1\}$$

は連続な全単射である. 補題 A1.2.1 と, $z \leftrightarrow g, it \leftrightarrow A$ と対応させると, 式や条件の類似を見てとれる. さらに $t = \tan(\theta/2)$ とおけば $\frac{1+it}{1-it} = e^{i\theta}$ でもある.

A1.3　行列の指数関数

三角関数や指数関数のテーラー展開を用いて $n \in \mathbb{N}$ に関する足しあげを行うことで補題 1.2.7 の証明を与える. まず, I_2 を 2 次の単位行列とする. 2 次正方行列 X に対して, $X^0 = I_2$ と約束する.

寄り道 A1.3.1（約束）　数学の文書での**約束**とは定義のことである. ただし, 用語や概念や記号の定義ではなくて, 従来ある記号を拡張して用いる場合に, そのままでは未定義だがそのように定義すると従来の計算規則などを拡張して使用できる場合に約束と呼ぶことが多い. 例えば, 指数法則 $X^{m+n} = X^m X^n$ が $m, n \in \mathbb{Z}_{\geq 0}$ で成立するように X^D を定めておくと便利である.

補題 1.2.7 の順に計算を行う.

A1.3 行列の指数関数 | *123*

まず，$E_{12}^2 = O$ なので，$n \geq 2$ に対して $E_{12}^n = O$ だから，

$$\exp(xE_{12}) = I_2 + xE_{12} = \begin{pmatrix} 1 & x \\ 0 & 1 \end{pmatrix} = n_x.$$

また，対角行列 $X = \begin{pmatrix} a & 0 \\ 0 & d \end{pmatrix}$ に対しては，$X^n = \begin{pmatrix} a^n & 0 \\ 0 & d^n \end{pmatrix} = a^n E_{11} + d^n E_{22}$ なので，

$$\exp \begin{pmatrix} a & 0 \\ 0 & d \end{pmatrix} = \sum_{n=0}^{\infty} \frac{1}{n!}(a^n E_{11} + d^n E_{22}) = e^a E_{11} + e^d E_{22} = \begin{pmatrix} e^a & 0 \\ 0 & e^d \end{pmatrix}.$$

特に，

$$\exp(tH) = \exp \begin{pmatrix} t & 0 \\ 0 & -t \end{pmatrix} = \begin{pmatrix} e^t & 0 \\ 0 & e^{-t} \end{pmatrix} = a_t.$$

次に $J^2 = -I_2$ である．これは直接計算でやさしく確かめられるが，ケーリー・ハミルトンの定理

$$X^2 = \mathrm{Tr}(X)X - \det(X)I_2$$

に $\mathrm{Tr}(J) = 0, \det(J) = 1$ を代入しても得られる．したがって，

$$J^{2m} = (J^2)^m = (-I_2)^m = (-1)^m I_2,$$
$$(\theta J)^{2m} = (-\theta^2)^m I_2$$

となる．これより，

$$\exp \begin{pmatrix} 0 & \theta \\ -\theta & 0 \end{pmatrix} = \sum_{m=0}^{\infty} \frac{1}{(2m)!}(\theta J)^{2m} + \sum_{m=0}^{\infty} \frac{1}{(2m+1)!}(\theta J)^{2m+1}$$

$$= \sum_{m=0}^{\infty} \frac{1}{(2m)!}(-\theta^2)^m I_2 + \sum_{m=0}^{\infty} \frac{1}{(2m+1)!}(-\theta^2)^m \theta J$$

$$= (\cos\theta)I_2 + (\sin\theta)J = \begin{pmatrix} \cos\theta & -\sin\theta \\ \sin\theta & \cos\theta \end{pmatrix} = k_\theta$$

となる．

最後に，$X = \begin{pmatrix} a & b \\ 0 & d \end{pmatrix}$ に対して，$X^n = \begin{pmatrix} a^n & \varphi_n(a,d)b \\ 0 & d^n \end{pmatrix}$ となることを数学的帰納法で証明する．$n = 1$ の時は $\varphi_1(a,d) = 1$ として成立している．$n \geq 1$

124 | 付録 1 行　　列

の時に成立していると仮定すると，

$$X^{n+1} = XX^n = \begin{pmatrix} a \times a^n & a\varphi_n(a,d)b + bd^n \\ 0 & d \times d^n \end{pmatrix}$$

であるので，$n+1$ の時も成立している．さらに，$\varphi_{n+1}(a,d) = a\varphi_n(a,d) + d^n$ もわかる．この 2 項漸化式の解は，初期条件 $\varphi_1(a,d) = 1$ を加味すると

$$\varphi_n(a,d) = \sum_{j=0}^{n-1} a^{n-1-j} d^j$$

であることがわかる．さらに，$a \neq d$ であれば

$$\varphi_n(a,d) = \frac{a^n - d^n}{a - d} \tag{A1.3}$$

とも書ける．あるいは，$X^n X = XX^n$ の (1,2) 成分を比較すると

$$a\varphi_n(a,d) + d^n = a^n + \varphi_n(a,d)d$$

が得られるので，$a \neq d$ の時は (A1.3) が得られる．いずれにしても，

$$X^n = \begin{pmatrix} a^n & \frac{a^n - d^n}{a - d}b \\ 0 & d^n \end{pmatrix} = a^n \left(E_{11} + \frac{b}{a-d}E_{12} \right) + d^n \left(E_{22} - \frac{b}{a-d}E_{12} \right)$$

がわかった．これより，

$$\begin{aligned}
\exp \begin{pmatrix} a & b \\ 0 & d \end{pmatrix} &= \sum_{n=0}^{\infty} \frac{a^n}{n!} \left(E_{11} + \frac{b}{a-d}E_{12} \right) + \frac{d^n}{n!} \left(E_{22} - \frac{b}{a-d}E_{12} \right) \\
&= e^a \left(E_{11} + \frac{b}{a-d}E_{12} \right) + e^d \left(E_{22} - \frac{b}{a-d}E_{12} \right) \\
&= \begin{pmatrix} e^a & \frac{e^a - e^d}{a-d}b \\ 0 & e^d \end{pmatrix}.
\end{aligned}$$

寄り道 A1.3.2（特殊関数）　ここでは大雑把に，冪関数，指数関数，三角関数を特殊関数とみなしている．数値計算を行う際には，これらの関数が十分な精度と速度で実装されているかどうかは気になる点である．これらの関数自体は普通は実装されているものの，それらの組み合わせ，例えば，

$$\frac{e^x - 1}{x} \qquad や \qquad \frac{\sin\theta}{\theta}$$

は頻用される C^∞ 級の関数であるが，これらの関数が実装されていないと，原点 $x = 0, \theta = 0$ で見かけ上の特異点をもっているため，数値誤差や零による割り算の問題が発生する原因となる．

A1.4　3 次元相似変換群のリー群とリー環の対応 ｜　*125*

この計算の $(1,2)$ 成分に登場する $\frac{e^a - e^d}{a-d}$ や $\frac{a^n - d^n}{a-d}$ は $a = d$ で見かけ上の表示は $0/0$ となっているが，実際には無限回微分可能な関数である．これは $x = (a-d)/d,\, t = a - d$ と置くと，

$$\frac{a^n - d^n}{a-d} = d^{n-1}\frac{(1+x)^n - 1}{x} = d^{n-1}\sum_{k=1}^{n}\binom{n}{k}x^{k-1},$$

$$\frac{e^a - e^d}{a-d} = e^d \times \frac{e^t - 1}{t} = e^d \sum_{k=1}^{\infty}\frac{1}{k!}t^{k-1}$$

と書き換えることができ，右辺は x の多項式，あるいは，t に関する収束半径が無限大の冪級数であるので C^∞ である．さらに実解析的関数（C^ω）でもある．

A1.4　3 次元相似変換群のリー群とリー環の対応

本文では直接用いないが，行列の指数関数の計算例として，3 次元ユークリッド空間 $\mathbb{R}^3$ の**相似変換群** $\mathrm{Sim}(3,\mathbb{R})$ のリー群とリー環の対応を解説する．

$$GO(3) := \mathbb{R}^{\times}SO(3) = \{g \in M(3,\mathbb{R}) \mid g^t g = cI_3 \text{ となる } c \in \mathbb{R}\times \text{ が存在 }\},$$

$$\mathrm{Sim}(3,\mathbb{R}) := \left\{\begin{pmatrix} A & \mathbf{b} \\ \mathbf{0} & 1 \end{pmatrix} \middle| A \in GO(3), \mathbf{b} \in \mathbb{R}^3\right\}.$$

これは，半直積群 $\mathrm{Sim}(3,\mathbb{R}) = GO(3) \ltimes \mathbb{R}^3$ でもある．したがって，運動群 $SO(3) \ltimes \mathbb{R}^3$ は $\mathrm{Sim}(3,\mathbb{R})$ の部分群であり，一方，$\mathrm{Sim}(3,\mathbb{R})$ はアフィン変換群 $\mathrm{Aff}(3,\mathbb{R}) = GL(3,\mathbb{R}) \ltimes \mathbb{R}^3$ の部分群である．$\mathrm{Sim}(3,\mathbb{R})$ のリー環は

$$\mathfrak{go}(3) := \mathbb{R}I_3 + \mathfrak{so}(3),$$

$$\mathfrak{sim}(3,\mathbb{R}) := \left\{\begin{pmatrix} A & \mathbf{b} \\ \mathbf{0} & 0 \end{pmatrix} \middle| A \in \mathfrak{go}(3), \mathbf{b} \in \mathbb{R}^3\right\}.$$

この時，n に関する数学的帰納法で，

$$\begin{pmatrix} A & \mathbf{b} \\ \mathbf{0} & 0 \end{pmatrix}^n = \begin{pmatrix} A^n & A^{n-1}\mathbf{b} \\ \mathbf{0} & 0 \end{pmatrix}$$

がわかる．ここで，マクローリン展開

$$\sum_{n=0}^{\infty} \frac{1}{n!} x^n = e^x,$$

$$\sum_{n=1}^{\infty} \frac{1}{n!} x^{n-1} = \frac{e^x - 1}{x}$$

を用いると，

$$\exp \begin{pmatrix} A & \mathbf{b} \\ \mathbf{0} & 0 \end{pmatrix} = \begin{pmatrix} \exp(A) & V\mathbf{b} \\ \mathbf{0} & 1 \end{pmatrix},$$

$$V = (\exp(A) - I_3)A^{-1}$$

となる．さらに $\lambda \in \mathbb{R}, \Omega \in \mathfrak{so}(3)$ に対して，$A = \lambda I_3 + \Omega$ とする時，$\exp(A)$ は

$$\exp A = e^\lambda \exp \Omega,$$

$$\exp \Omega = I_3 + \frac{\sin \theta}{\theta} \Omega + \frac{1 - \cos \theta}{\theta^2} \Omega^2, \tag{A1.4}$$

$$\theta = \sqrt{-(\mathrm{Tr}\,\Omega)^2} \tag{A1.5}$$

と書き表すことができる．(A1.4) を**ロドリゲスの公式**という．この公式についてのいろいろは [24] の付録を見てほしい．特に Ω が満たす関係式

$$\Omega^3 = -\theta^2 \Omega \tag{A1.6}$$

を有効に用いている．$\exp \Omega$ の右辺に現れている関数

$$\frac{\sin \theta}{\theta}, \quad \frac{1 - \cos \theta}{\theta^2} = \frac{1}{2} \left(\frac{\sin(\theta/2)}{\theta/2} \right)^2$$

はどちらも $\theta = 0$ で特異点をもたず，θ に関する C^∞ 級関数である．

寄り道 A1.4.1（sinc 関数）　主に工学では $\mathrm{sinc}\, x = \dfrac{\sin(\pi x)}{\pi x}$ という記号が用いられるが，数学では $\dfrac{\sin x}{x}$ を表す記号を特に使わないので不便である．寄り道の余談になるが，ダイソンとモンゴメリーがお茶の時間に交わした数式も

$$1 - \left(\frac{\sin(\pi u)}{\pi u} \right)^2$$

であって，それがもし $1 - \mathrm{sinc}^2 u$ のように短く書かれていたら両者にとって印象的だったかどうかわからない．

A1.4 3次元相似変換群のリー群とリー環の対応 | *127*

次に V を計算する.

$$V = A^{-1}(\exp(A) - I_3) = (\lambda I_3 + \Omega)^{-1}(e^\lambda \exp\Omega - I_3),$$

$$Ve^{-\lambda} = (\lambda I_3 + \Omega)^{-1}(\exp\Omega - e^{-\lambda}I_3) \tag{A1.7}$$

である. これらは Ω に関して解析的な式である. (A1.6) を用いると, これらが Ω の2次式で表すことができることがポイントである. 具体的に実行すると,

$$(\lambda I_3 + \Omega)[\theta^2 I_3 + \lambda^2 I_3 - \lambda\Omega + \Omega^2] = \theta^2(\lambda I_3 + \Omega) + (\lambda^3 I_3 - \theta^2\Omega)$$
$$= (\lambda^2 + \theta^2)I_3 - \lambda\Omega + \Omega^2,$$

$$(\lambda I_3 + \Omega)^{-1} = \frac{1}{\lambda(\lambda^2 + \theta^2)}[(\lambda^2 + \theta^2)I_3 - \lambda\Omega + \Omega^2].$$

したがって, この式とロドリゲスの公式 (A1.4) を (A1.7) に代入すると,

$$Ve^{-\lambda} = \frac{1}{\lambda(\lambda^2 + \theta^2)}[(\lambda^2 + \theta^2)I_3 - \lambda\Omega + \Omega^2]$$
$$\times \left(\left[I_3 + \frac{\sin\theta}{\theta}\Omega + \frac{1-\cos\theta}{\theta^2}\Omega^2 \right] - e^{-\lambda}I_3 \right)$$
$$= \frac{1}{\lambda(\lambda^2 + \theta^2)}[a_0 I_3 + a_1\Omega + a_2\Omega^2 + a_3\Omega^3 + a_4\Omega^4]$$
$$= \frac{1}{\lambda(\lambda^2 + \theta^2)}[a_0 I_3 + (a_1 - \theta^2 a_3)\Omega + (a_2 - \theta^2 a_4)\Omega^2].$$

ここで

$$a_0 = (\lambda^2 + \theta^2)(1 - e^{-\lambda}),$$
$$a_1 = (\lambda^2 + \theta^2)\frac{\sin\theta}{\theta} - \lambda(1 - e^{-\lambda}),$$
$$a_2 = (\lambda^2 + \theta^2)\frac{1 - \cos\theta}{\theta^2} - \lambda\frac{\sin\theta}{\theta} + (1 - e^{-\lambda}),$$
$$a_3 = -\lambda\frac{1 - \cos\theta}{\theta^2} + \frac{\sin\theta}{\theta},$$
$$a_4 = \frac{1 - \cos\theta}{\theta^2},$$

であるから,

$$\frac{a_0}{\lambda(\lambda^2 + \theta^2)} = \frac{1 - e^{-\lambda}}{\lambda} = \frac{\sinh\lambda}{\lambda} - \frac{\cosh\lambda - 1}{\lambda},$$
$$\frac{a_1 - \theta^2 a_3}{\lambda} = \lambda\frac{\sin\theta}{\theta} + e^{-\lambda} - \cos\theta$$

128 | 付録1 行　　列

$$= (\cosh\lambda - \cos\theta) - \lambda\left(\frac{\sinh\lambda}{\lambda} - \frac{\sin\theta}{\theta}\right),$$

$$\frac{a_2 - \theta^2 a_4}{\lambda} = \lambda\frac{1-\cos\theta}{\theta^2} - \frac{\sin\theta}{\theta} + \frac{1-e^{-\lambda}}{\lambda}$$

$$= \left(\frac{\sinh\lambda}{\lambda} - \frac{\sin\theta}{\theta}\right) - \lambda\left(\frac{\cosh\lambda-1}{\lambda^2} - \frac{1-\cos\theta}{\theta^2}\right)$$

と書ける. 以上より,

補題 A1.4.2

$$a(\lambda) = \frac{1-e^{-\lambda}}{\lambda},$$

$$b(\lambda,\theta) = \frac{1}{\lambda^2+\theta^2}\left[(\cosh\lambda - \cos\theta) - \lambda\left(\frac{\sinh\lambda}{\lambda} - \frac{\sin\theta}{\theta}\right)\right],$$

$$c(\lambda,\theta) = \frac{1}{\lambda^2+\theta^2}\left[\left(\frac{\sinh\lambda}{\lambda} - \frac{\sin\theta}{\theta}\right) - \lambda\left(\frac{\cosh\lambda-1}{\lambda^2} - \frac{1-\cos\theta}{\theta^2}\right)\right]$$

と定めると,

$$Ve^{-\lambda} = a(\lambda)I_3 + b(\lambda,\theta)\Omega + c(\lambda,\theta)\Omega^2$$

となる.

既にみたように,

$$\frac{\sinh\lambda}{\lambda}, \quad \frac{\cosh\lambda-1}{\lambda^2} = \frac{1}{2}\left(\frac{\sinh(\lambda/2)}{\lambda/2}\right)^2$$

は $\lambda = 0$ で特異点をもたず, $\lambda \in \mathbb{R}$ に関する C^∞ 関数である. したがって $(\lambda,\theta) \neq (0,0)$ では満足いく表示である. 一方で補題 A1.4.2 の $b(\lambda,\theta)$ や $c(\lambda,\theta)$ の表示では $(\lambda,\theta) = (0,0)$ で分母 $\lambda^2 + \theta^2$ が 0 になり, 特異点をもつ可能性がある. 実際にはそこでもなめらかになっていることを以下で示していく.

補題 A1.4.3　三つの関数

$$\frac{\cosh\lambda - \cos\theta}{\lambda^2+\theta^2}, \quad \frac{1}{\lambda^2+\theta^2}\left(\frac{\sinh\lambda}{\lambda} - \frac{\sin\theta}{\theta}\right),$$

$$\frac{1}{\lambda^2+\theta^2}\left(\frac{\cosh\lambda-1}{\lambda^2} - \frac{1-\cos\theta}{\theta^2}\right)$$

は $(\lambda,\theta) = (0,0)$ でなめらかである. したがって $(\lambda,\theta) \in \mathbb{R}^2$ 上でなめらかである.

A1.4 3次元相似変換群のリー群とリー環の対応 | *129*

これらは以下のような問題に一般化できる.

補題 A1.4.4 $f(x)$ を $x = 0$ でテーラー展開可能な偶関数とする. この時, 2変数関数

$$g(x, y) = \frac{f(x) - f(iy)}{x^2 + y^2} \tag{A1.8}$$

は $(x, y) = (0, 0)$ でなめらかな関数である.

証明 $f(x) = \sum_{n=0}^{\infty} a_n x^{2n}$ は収束冪級数である. すなわち, ある $r > 0$ が存在して, 全ての n に対して, $|a_n| < r^n$ が成り立つ. ここで,

$$\begin{aligned}
g(x, y) &= \frac{1}{x^2 + y^2} \sum_{n=0}^{\infty} a_n (x^{2n} - (-y^2)^n) \\
&= \sum_{n=1}^{\infty} a_n \frac{x^{2n} - (-y^2)^n}{x^2 + y^2} \\
&= \sum_{n=1}^{\infty} a_n \sum_{k=0}^{n-1} x^{2(n-k-1)} (-y^2)^k \\
&= \sum_{j=0}^{\infty} \sum_{k=0}^{\infty} (-1)^k a_{j+k+1} x^{2j} (-y^2)^k
\end{aligned}$$

と, 形式的な和の順序の交換を行って計算できるが, 優級数

$$|g(x, y)| \leq \sum_{j=0}^{\infty} \sum_{k=0}^{\infty} r^{j+k+1} x^{2j} y^{2k} = \frac{r}{(1 - rx^2)(1 - ry^2)}$$

が $|x|, |y| < 1/\sqrt{r}$ で収束するので, $g(x, y)$ も同じ範囲で収束して, なめらかな関数を定めている. $\square$

補題 A1.4.4 を

$$g(x) = \cosh x, \quad \frac{\sinh x}{x}, \quad \frac{\cosh x - 1}{x^2}$$

に対して用いれば, 補題 A1.4.3 が得られる.

寄り道 A1.4.5（数値計算） 補題 A1.4.4 の証明の記号で,

$$a_1 = \frac{1}{2} f''(0), \quad a_2 = \frac{1}{24} f''''(0)$$

であり, $(x, y) \in \mathbb{R}^2$ が原点の付近で

$$g(x,y) = a_1 + a_2(x^2 - y^2) + O((x^2 + y^2)^2) \tag{A1.9}$$

が成り立っている. (x,y) が十分に原点に近いと, (A1.8) の表示は, 分母が 0 に近くなって $0/0$ に近い表示となり数値的に不安定になり得る. 一方で, (x,y) が十分に原点に近いと, (A1.9) の表示は十分に良い近似を与えるので, そちらに置き換えればよい. お互いに補う関係になっている.

以上をまとめると

定理 A1.4.6 $\lambda \in \mathbb{R}$, 3 次の交代行列 Ω ならびに $\mathbf{b} \in \mathbb{R}^3$ に対して,

$$\exp \begin{pmatrix} \lambda I_3 + \Omega & \mathbf{b} \\ \mathbf{0} & 0 \end{pmatrix} = \begin{pmatrix} e^\lambda \exp \Omega & e^\lambda [a(\lambda)I_3 + b(\lambda,\theta)\Omega + c(\lambda,\theta)\Omega^2]\mathbf{b} \\ \mathbf{0} & 1 \end{pmatrix}$$

となる. ただし, $\exp \Omega$ は (A1.4) で, θ は (A1.5) で, 関数 $a(\lambda), b(\lambda,\theta), c(\lambda,\theta)$ は補題 A1.4.2 で与えたものである.

A1.5 特異値分解

行列の分解の重要な例として特異値分解 (SVD:singular value decomposition) の説明をする. ここでは特に, 他のテキストなどでは軽く扱われがちな連結性に関する議論を丁寧に行う.

まずは, 向きを保つことを仮定しないで議論する. $G = GL(3,\mathbb{R})$, $K = O(3)$ とする.

$$G = GL(3,\mathbb{R}) = \{g \mid 3 \text{ 次正方行列}, \det g \neq 0\},$$

$$K = O(3) = \{g \mid g^t g = I\}, \quad (\text{ここで } I = I_3 \text{ は 3 次の単位行列}),$$

$$O(3,\mathbb{Z}) = \{g \in O(3) \mid \text{成分は全て整数}\},$$

$$A = \left\{ \begin{pmatrix} a_1 & 0 & 0 \\ 0 & a_2 & 0 \\ 0 & 0 & a_3 \end{pmatrix} \middle| a_1 > 0, a_2 > 0, a_3 > 0 \right\},$$

$$M = Z_K(A) = \left\{ \begin{pmatrix} \varepsilon_1 & 0 & 0 \\ 0 & \varepsilon_2 & 0 \\ 0 & 0 & \varepsilon_3 \end{pmatrix} \middle| \varepsilon_1 = \pm 1, \varepsilon_2 = \pm 1, \varepsilon_3 = \pm 1 \right\}$$

とする. M は位数 $2^3 = 8$ の有限群, $O(3, \mathbb{Z})$ は位数 $2^3 \times 3! = 48$ の有限群である. M は $O(3, \mathbb{Z})$ の正規部分群であり, $O(3, \mathbb{Z})/M$ は 3 次対称群 S_3 と同型である.

表 **A1.1** リー群の性質 2

リー群	連結	コンパクト	可換	単純	簡約	$\det > 0$
$G = GL(3, \mathbb{R})$	×	×	×	×	○	×
$GL^+(3, \mathbb{R})$	○	×	×	×	○	○
$K = O(3)$	×	○	×	○	○	×
$SO(3)$	○	○	×	○	○	○
$O(3, \mathbb{Z})$	×	○	×	×	○	×
$SO(3, \mathbb{Z})$	×	○	×	×	○	○
A	○	×	○	×	○	○
M	×	○	○	×	○	×
MA	×	×	○	×	○	×

寄り道 A1.5.1 有限群 $O(3, \mathbb{Z})$ や $SO(3, \mathbb{Z})$ は有限単純群ではない.

端的にいえば, 積が定める写像

$$\phi : K \times A \times K \ni (U, \Sigma, V) \mapsto U\Sigma V^T \in G$$

の逆写像が SVD である. ϕ は全射ではあるが単射ではない. 仮に元の写像 ϕ が全単射であれば逆写像は一意的に存在するが, ϕ は全単射でないので, それに伴いさまざまな問題が発生する. それらの問題と対処方法について記述する.

まず, $h \in O(3, \mathbb{Z})$ に対して, $\phi(Uh, h^{-1}\Sigma h, Vh) = \phi(U, \Sigma, V)$ である. なお, $h^{-1}\Sigma h \in A$ であるため, $(Uh, h^{-1}\Sigma h, Vh) \in K \times A \times K$ であり, さらに $h \in O(3, \mathbb{Z})$ が異なるごとにこれらの 48 個の元は異なる ($Uh = Uh'$ となるのは $h = h'$ の時に限られるため). したがって, 少なくとも表示には 48 個の自由度が存在する.

自由度を縛る一つの方法で, しかもよく用いられている方法は, Σ の成分を

132 | 付録 1 行　　列

大きい順に並べるものである．すなわち，

$$A_+ = \left\{ \begin{pmatrix} a_1 & 0 & 0 \\ 0 & a_2 & 0 \\ 0 & 0 & a_3 \end{pmatrix} \middle| a_1 \geq a_2 \geq a_3 > 0 \right\}$$

と定義し，

$$\phi_+ : K \times A_+ \times K \ni (U, \Sigma, V) \mapsto U\Sigma V^T \in G$$

とするものである．ϕ_+ も全射であるが，依然として単射ではない．それは，$h \in M, \Sigma \in A_+$ に対して，$h\Sigma h^{-1} = \Sigma$ であるので，$\phi(Uh, \Sigma, Vh) = \phi(U, \Sigma, V)$ である．さらに，$h \in M$ が異なるごとに $(Uh, \Sigma, Vh) \in K \times A_+ \times K$ は異なるので，この表示には 8 通りの自由度が存在する．

　今度は，自由度を上から評価する．

$$A_{++} = \left\{ \begin{pmatrix} a_1 & 0 & 0 \\ 0 & a_2 & 0 \\ 0 & 0 & a_3 \end{pmatrix} \middle| a_1 > a_2 > a_3 > 0 \right\}$$

と定義する．すなわち，固有値に重複（縮退）が発生しないところに限定している．A_{++} は A_+ の稠密な部分集合であり，A_{++} の A_+ 内の補集合は A_{++} の境界

$$\partial A_+ = \left\{ \begin{pmatrix} a_1 & 0 & 0 \\ 0 & a_2 & 0 \\ 0 & 0 & a_3 \end{pmatrix} \middle| a_1 = a_2 \geq a_3 > 0 \text{ or } a_1 > a_2 = a_3 > 0 \right\}$$

に属する．$\phi_+(K \times A_{++} \times K)$ と $\phi_+(K \times \partial A_+ \times K)$ は重なりのない集合である．つまり，一つの G の元が A_{++} の元でも ∂A_+ の元でも表せるということはない．したがって，それぞれの場合の表示の一意性について検討する．

　まず，A_{++} の場合．この時，

$$\phi_{++} : K \times A_{++} \times K \ni (U, \Sigma, V) \mapsto U\Sigma V^T \in G$$

は全射ではない．一方，$\phi(U, \Sigma, V) = \phi(U', \Sigma', V')$ となる必要十分条件がわかって，それは「$U' = Uh, V' = Vh$ となるような $h \in M$ が存在する」と簡潔に述べることができる．すなわち，表示の非一意性としては，U や V の列ベ

クトルの符号を同時に入れ替える自由度のみが残されている.

一方で, ∂A_+ の場合. この時は, 連続的な変形の自由度がある. この場合は, 部分群 $Z_K(\Sigma)$ が寄与する. Σ がスカラー行列の場合が最も極端であり, $Z_K(\Sigma) = K$ なので, (U, Σ, V) の左の U の一部を右の V に移し替える任意の変換が可能である. すなわち, Σ がスカラー行列の場合は $h \in K$ に対して, $\phi(Uh, \Sigma, Vh) = \phi(U, \Sigma, V)$ が成り立つ.

次に向きを保つ場合を考える. すなわち, 行列式が正のものに限って議論する. 前の節での設定を G を $G' = GL^+(3, \mathbb{R})$ に制限して考える. G' の元は行列式が正であるから, それを分解するのには行列式が負のものを使うのは合理的でないので, 全て行列式が正の範囲で分解が可能であることを以下で述べる. そこで, ここまでに登場した特徴的な部分群と G' との交わりを考える. この時,

$G' = GL^+(3, \mathbb{R})$ は $G = GL(3, \mathbb{R})$ の指数 2 の部分群,

$K' := SO(3) = K \cap G'$ は $K = O(3)$ の指数 2 の部分群,

$SO(3, \mathbb{Z}) = O(3, \mathbb{Z}) \cap G'$ は $O(3, \mathbb{Z})$ の指数 2 の部分群,

$M' = M \cap G'$ は M の指数 2 の部分群

である. 一方, A は元々 $A \subset G'$ なので G' と共通部分を考えても変わらない. ϕ の定義域を制限した写像

$$\phi' : K' \times A \times K' \ni (U, \Sigma, V) \mapsto U\Sigma V^T \in G'$$

は全射であるが, 単射ではない. 今度は $SO(3, \mathbb{Z})$ の元をかける自由度がある. $SO(3, \mathbb{Z})$ の位数は 24 である. なお, $O(3, \mathbb{Z})$ は B_3 型, C_3 型のワイル群, $SO(3, \mathbb{Z})$ は A_3 型, D_3 型のワイル群と呼ばれる非可換有限群である.

付録2 群

A2.1 群の定義と例

ここでは最初の章で登場した群の定義を行う．群論自体は理論も例も分厚いものであり，詳細を知りたければそれを主題とする入門書（例えば [23]）を丁寧に学習すればよいが，ここではそれらを参照せずとも本文が読めるような簡略な説明をまとめる．

定義 A2.1.1 集合 G と 2 項演算 $G \times G \to G$ が次の 3 条件を満たす時に，G と 2 項演算の組を**群**という．

(1) $(ab)c = a(bc)$.

(2) 単位元 $e \in G$ と呼ばれる元が存在して，$ea = a = ae$ となる．

(3) $a \in G$ に対して，$ab = ba = e$ となるような $b \in G$ が存在する．これを a の逆元といい，a^{-1} と書く．

また，さらに，条件

(4) $ab = ba$

が成り立つ時に**可換群**または**アーベル群**と呼ぶ．群 G の部分集合 H が同じ演算で群になる時，**部分群**であるという．

寄り道 A2.1.2（群 G）英語では group というのでアルファベット G を用いて書くことが多い．Gun の G ではない．

例 A2.1.3 $\mathbb{R}$ は加法（足し算）を演算としてアーベル群である．

$$\mathbb{R}^{\times} := \{x \in \mathbb{R} \mid x \neq 0\}$$

は乗法（掛け算）を演算としてアーベル群である．

$$\mathbb{R}_+^\times := \{x \in \mathbb{R} \mid x > 0\}$$

は $\mathbb{R}^\times$ の部分群である．$\mathbb{R}_+$ や $\mathbb{R}_{>0}$ と書くこともある．$\mathbb{R}^\times$ は $\mathbb{R}$ の部分群ではないことに注意しておく．

例 A2.1.4 自然数 N を固定する．整数全体 $\mathbb{Z}$ を N を法として考えて和の演算を考えると群になる．これを $\mathbb{Z}/N\mathbb{Z}$ と書く．分野によっては $\mathbb{Z}_N$ と書かれることもあるが，この本ではその記号は採用しない．$\mathbb{Z}/N\mathbb{Z}$ は位数 N の巡回群と呼ばれる．アーベル群である．特に $\mathbb{Z}/2\mathbb{Z} = \{\overline{0}, \overline{1}\}$ がこの本でよく出てくる．

定義 A2.1.5 二つの群 G, G' の間の写像 $\phi : G \to G'$ が $\phi(ab) = \phi(a)\phi(b)$ を満たす時に ϕ は**群準同型**であるという．全単射な群準同型を**群同型写像**といい，群同型写像が存在する時二つの群は**同型**であるという．例えば，$\mathbb{R} \ni x \mapsto e^x \in \mathbb{R}_+^\times$ は群同型写像である．

定義 A2.1.6 二つの群 G, H に対して，直積集合 $G \times H = \{(g, h) \mid g \in G, h \in H\}$ に $(g, h)(g', h') = (gg', hh')$ で演算を定義すると群になる．これを G と H の直積群といい，$G \times H$ と書く．

例 A2.1.7 $\{1, -1\}$ は $\mathbb{R}^\times$ の部分群である．直積群 $\mathbb{R}_+ \times \{1, -1\}$ と群 $\mathbb{R}^\times$ は群同型写像 $(a, b) \mapsto ab$ によって群同型である．

二つの群 $\mathbb{Z}/2\mathbb{Z}$ と $\{1, -1\}$ は，全単射 $\overline{0} \mapsto 1, \overline{1} \mapsto -1$ によって同型である．この写像は $a \mapsto (-1)^a$ のようにまとめて書くこともできる．

定義 A2.1.8 群 G の部分集合 H, J に対して，積集合を $HJ = \{hj \mid h \in H, j \in J\}$ と定義する．一般には H, J が G の部分群であっても HJ は G の部分群とは限らない．特に元 $g \in G$ に対して，

$$gH = \{gh \mid h \in H\},$$
$$Hg = \{gh \mid h \in H\},$$
$$gHg^{-1} = \{ghg^{-1} \mid h \in H\}$$

と定める．

gH を右剰余類，Hg を左剰余類と呼ぶ．ただし左右を逆に呼ぶ流儀もある

（『岩波 数学辞典』第3版，第4版を参照）．gHg^{-1} を g による H の**共役**（con-jugate）と呼ぶ．$h \mapsto ghg^{-1}$ は全単射 $H \mapsto gHg^{-1}$ を与える．さらに H が G の部分群であれば H と gHg^{-1} はこの写像で群として同型である．群を共役な部分群に置き換えることは，本質的な部分は何も変えないものの，計算を簡略化したり結果の見通しをよくしたりするなどの実際に役に立つ技法である．これを上手に利用していく．

定義 A2.1.9 右剰余類の全体を $G/H = \{gH \mid g \in G\}$ と書き，左剰余類の全体を $H\backslash G = \{Hg \mid g \in G\}$ と書く．

これらは G の作用する**等質空間**であるが，一般には群ではない．群になる条件を書くと次のような定義が自然に出てくる．

定義 A2.1.10 群 G の部分群 H が次の同値な条件を満たす時，正規部分群であるという．

- 全ての $g \in G$ に対して，$gHg^{-1} = H$．
- 全ての $g \in G$ に対して，$gH = Hg$．
- G/H に積を $(gH)(g'H) = gg'H$ と定めることができ（well-defined），G/H が群になる．

例えば，N の倍数全体 $N\mathbb{Z}$ は $\mathbb{Z}$ の部分群であり，$\mathbb{Z}/N\mathbb{Z}$ は例 A2.1.4 で定義したものと一致する．$2\pi\mathbb{Z}$ は $\mathbb{R}$ の部分群であり，正規部分群による $\mathbb{R}/2\pi\mathbb{Z}$ は剰余群である．

A2.2 群の中心

群のある元の中心化群と群の中心を定義する．

定義 A2.2.1 群 G と，その部分群 H，元 $s \in G$，部分集合 $S \subset G$ に対して，

$$Z_H(s) := \{h \in H \mid hs = sh\},$$
$$Z_H(S) := \{h \in H \mid \text{全ての } s \in S \text{ に対して } hs = sh\} = \bigcap_{s \in S} Z_H(s),$$

$$Z(G) := Z_G(G)$$

と定める. H の部分群 $Z_H(S)$ を S の H における**中心化群**（centralizer）と呼ぶ. また, $Z(G)$ を G の中心（center）と呼ぶ.

さらに, 正規化群を

$$N_G(H) := \{g \in G \mid gHg^{-1} = H\}$$

と定める. H は $N_G(H)$ の正規部分群である.

例えば, $N_G(P) = P$ である.

ここで, ある元の中心化環の次元を与える.

補題 A2.2.2 g を 2 次の正方行列でスカラー行列でないものとし, I_2 を 2 次の単位行列とする. この時, g と可換な行列は g と I_2 の線形結合である. すなわち $Z_{M_2}(g) = \{c_1 g + c_2 I_2 \mid c_1, c_2 \in \mathbb{R}\}$ である. 特に $Z_{M_2}(g)$ は結合的可換環である.

証明 一般に, $Z_{M_2}(g) \supset \{c_1 g + c_2 I_2 \mid c_1, c_2 \in \mathbb{R}\}$ が成り立つが, $g \in M_2$ がスカラー行列でない時には等号が成立することを示したい. 線形写像 $T : M_2 \ni h \mapsto gh - hg \in M_2$ と定める. $T = \mathrm{ad}(g) : \mathfrak{gl}(2) \to \mathfrak{gl}(2)$ といってもよい. $\dim T \le 2$ を示したい. T の像の次元が 2 以上であることがいえれば, 準同型定理より $\dim \ker T \le 4 - 2 = 2$ となり, 目的の等号が得られる.

ここで, $x, y \in M_2$ を用いて交換子 $[x, y] = xy - yx$ で表せる元の全体で生成される線形部分空間を $[M_2, M_2]$ と定義する. この時, $[M_2, M_2] = \mathfrak{sl}_2$ であり, それが 3 次元であることを利用する. $\{g_0 := I_2, g_1 := g\}$ が一次独立なので M_2 の基底 $\{g_0, g_1, g_2, g_3\}$ を選ぶ. すると, $[g_0, g_i] = 0, [g_i, g_i] = 0$ なので, $[M_2, M_2]$ は $[g_1, g_2], [g_1, g_3], [g_2, g_3]$ で生成されることになり, この三つの元は線形独立である. したがって $[g_1, g_2], [g_1, g_3]$ は線形独立であり, 特に, T の像は 2 次元以上である. $\qquad\square$

寄り道 A2.2.3 なお, 成分計算で連立 1 次方程式を解く方がずっと早く証明できる.

A2.3 極大コンパクト部分群 K

$J = \begin{pmatrix} 0 & -1 \\ 1 & 0 \end{pmatrix}$ とし，$\sigma(g) = J {}^t g^{-1} J^{-1}$ と定義する．また，σ は G の自己同型であり，$\sigma(\sigma(g)) = g$ が成り立つという意味で**包合的自己同型**（involution）である．σ で固定される元の全体を

$$G^\sigma = \{g \in G \mid \sigma(g) = g\}$$

と書く．G^σ は G の部分群である．このように適当な σ を用いて記述できる部分群を**対称部分群**と呼ぶ．この時，(1.1) で定義した部分群と $K = G^\theta$ の関係が成り立つことがわかる．G^θ がコンパクトであるので，σ を**カルタン対合**（Cartan involution）と呼ぶこともある．

寄り道 A2.3.1（包合的自己同型） involution は対合と呼ばれたりもするが，日本語訳が確定せずにカタカナでインボルーションということもある．コンパクト，ホモロジーは既にカタカナが定着しているが，ルート系など，カタカナと漢字の組み合わせになると気持ちが悪くはある．

この事実は $SL(2, \mathbb{R})$ と**シンプレクティック群**との**偶然的同型**（accidental isomorphism）の一例である．

寄り道 A2.3.2（コンパクト） 性質「コンパクト」は大学の微分積分学から顔を出し，段々と主要な役割を果たす概念である．一般の位相空間では開被覆によって定義されて，その定義から理解することはあまりやさしくないが，リー群などを扱う時は次のような性質が活用されると考えるとよい．

- ユークリッド空間の部分集合がコンパクトであるための必要十分条件は有界閉集合であることである．例えば有界閉区間 $[a, b]$ や閉円板はコンパクトである．イメージ的には「境界は含まれている，かつ，無限に延びていない」という感じである．
- コンパクト性は位相的性質である．すなわち，二つの集合が同相であり，片方がコンパクトであればもう一方もコンパクトである．
- コンパクト集合の閉部分集合もコンパクトである．

A2.4 群の自己同型と内部自己同型群 | *139*

・連続写像によるコンパクト集合の像もコンパクトである．例えば，コンパクト集合上の連続関数は有界であり，かつ最大値と最小値をもつ．

当座の応用上はこの程度で足りる．

A2.4 群の自己同型と内部自己同型群

一般に群 G, H に対して，$\varphi : G \to H$ が群準同型であるとは積を保つ写像であること，すなわち，$f(g_1 g_2) = f(g_1)f(g_2)$ が満たすことと定義する．全単射な群準同型を**群同型**と呼ぶ．群同型 $\varphi : G \to G$ を G の**自己同型**と呼ぶ．自己同型全体は合成によって群をなす，これを $\mathrm{Aut}(G)$ と書く．たとえば，(1.5) で定めた $\mathrm{Ad}(g)$ は自己同型である．さらに $\mathrm{Ad} : G \to \mathrm{Aut}(G)$ は群準同型である．この Ad の核は Z である．像を内部自己同型群と呼ぶ．

補題 A2.4.1 $G = SL(2, \mathbb{R})$ の時，$\mathrm{Ad} : G \to \mathrm{Aut}(G)$ は全射である．すなわち，群同型 $G/Z \cong \mathrm{Aut}(G)$ が成り立つ．

この事実は，上半平面上の保形形式などの研究に $SL(2, \mathbb{R})$ が登場する理由の一つになっている．

命題 1.5.4 で用いたケーリー変換 $c = \begin{pmatrix} 1 & -i \\ 1 & i \end{pmatrix}$ は $\det(c) = 2i$ だったので $GL(2, \mathbb{C})$ の元であったが $SL(2, \mathbb{C})$ の元ではなかった．しかし，$c/(1+i) \in SL(2, \mathbb{C})$ であり，$\mathrm{Ad}(c) = \mathrm{Ad}(c/(1+i))$ なので，ケーリー変換を $SL(2, \mathbb{C})$ の元にとり直してその命題を述べることができる．したがって，$SL(2, \mathbb{C})$ の内部自己同型で実型 $SL(2, \mathbb{R})$ と $SU(1, 1)$ は移り合える．一方，複素関数論で通常ケーリー変換を考える時には $GL(2, \mathbb{C})$ あるいは $PGL(2, \mathbb{C})$ であれば十分なので行列式が 1 であるかどうかには拘らない．こういった事情は量子情報で現れる T ゲート

$$T = \begin{pmatrix} 1 & 0 \\ 0 & e^{\pi i/4} \end{pmatrix} = \begin{pmatrix} 1 & 0 \\ 0 & (1+i)/\sqrt{2} \end{pmatrix} \in GL(2, \mathbb{C})$$

がなぜ $\pi/4$ でなく $\pi/8$ ゲートと呼ばれるかということとも通じる．

140 | 付録 2 群

A2.5 半直積群

二つの群を組み合わせて新しい群をつくる方法があると世界が広がる.

定義 A2.5.1（群の半直積） H と K が群であるとする．直積集合 $K \times H$ に次のような群構造を入れることができる．

(1) $\mu((k_1, h_1), (k_2, h_2)) = (\mu_K(k_1, k_2), \mu_H(h_1, h_2))$. この時，直積群といい，$K \times H$ と書く．

(2) $\mu((k_1, h_1), (k_2, h_2)) = (\mu_K(k_1, \varphi(h_1, k_2)), \mu_H(h_1, h_2))$ となっている時，半直積群といい，$K \rtimes H$ と書く．ここで，$\varphi : H \times K \to K$ は作用と呼ばれるもので，群の公理における結合法則と単位元にあたる関係式 $\varphi(\mu(h_1, h_2), k) = \varphi(h_1, \varphi(h_2, k))$, $\varphi(e, k) = k$ を満たすものである．この時に，$\{(e_K, h) \mid h \in H\} = \{e_K\} \times H$ を H と同一視すると，H は $K \rtimes H$ の部分群である．また，$\{(k, e_H) \mid k \in K\} = K \times \{e_H\}$ を K と同一視すると，K は $K \rtimes H$ の正規部分群である．

寄り道 A2.5.2（半直積の記号） $\rtimes$ の記号は K が<u>正規</u>部分群であることを記号的にうまく表したものである．

同じ H, K を使っていても φ を変えれば異なる群が得られる．記号 $K \rtimes H$ には φ が反映されていないので，注意が必要である．

半直積の定義はわかりづらいので，少しインフォーマルに説明しよう．$K \times H$ の元 (k, h) を kh と書き，さらに K や H の積を $\mu_K(k_1, k_2) = k_1 k_2$, $\mu_H(h_1, h_2) = h_1 h_2$ と略記すると，上の関係式 (*) は，順次，

$$(k_1 h_1)(k_2 h_2) = (k_1 \varphi(h_1, k_2))(h_1 h_2), \tag{A2.1}$$

$$h_1 k_2 = \varphi(h_1, k_2) h_1, \tag{A2.2}$$

$$\varphi(h_1, k_2) = h_1 k_2 h_1^{-1} \tag{A2.3}$$

と書き直せる．すなわち，H の K への作用とは，K が半直積群の正規部分群であると仮定した場合に，H による共役が引き起こす K の自己同型に他ならない．

A2.6 $\mathbb{R}$ の 1 次元ユニタリ表現 | *141*

補題 A2.5.3 G を群, K を G の正規部分群, H を G の部分群とする. 写像 $\iota : K \times H \ni (k, h) \mapsto kh \in G$ が全単射であるとする. ただし群準同型である とは仮定しない. この時, $\varphi(h, k) = hkh^{-1}$ によって, $\varphi : H \times K \to K$ を定め ると, φ による半直積群 $K \rtimes H$ と G は群として同型であり, $\iota : K \rtimes H \to G$ がその群同型を与える.

　この設定では, G の元は, 必ず一意的に kh の形に書ける. 群であるからそ ういった形の元二つの積 $(k_1 h_1)(k_2 h_2)$ も G の元であり, kh の形で書けるはず である. 左端の k_1 と右端の h_2 は問題ないが, 真ん中の $h_1 k_2$ は K と H の 順序が逆なので $h_1 k_2 = k' h'$ の形に書き直さなければならない. この時に, K で割った商群 G/K のレベルでは, $\overline{h_1} = \overline{h'}$ となるので, $H \to G/K$ が群同型 であることから, $h_1 = h'$ であることがわかった. 後は k' を決めれば, 二つの 元の積が完全に決まることがわかる. 以上の計算から, $h_1 k_2 = k' h_1$ なので, $k' = h_1 k_2 h_1^{-1}$ である. これが上の $\varphi(h, k) = hkh^{-1}$ の定義の背景にある.

　作用 φ が自明な時, すなわち, どんな $h \in H$ に対しても $\varphi(h, k) = k$ の場 合が, 直積群になっている.

寄り道 A2.5.4（半直積の順序）　$K \rtimes H$ を $H \ltimes K$ と書くこともある. 例えば合 同変換群は $O(n) \ltimes \mathbb{R}^n$, 運動群は $SO(n) \ltimes \mathbb{R}^n$, アフィン変換群は $GL(n, \mathbb{R}) \ltimes \mathbb{R}^n$ である. しかし, 作用 $Ax + b$ のことを考えると, 先に A が作用し, 後から b が作用することを考えると, $\mathbb{R}^n \rtimes GL(n, \mathbb{R})$ のような順序に書いておいた方 が, 作用 φ をそのように定める必然性を理解しやすい.

A2.6　$\mathbb{R}$ の 1 次元ユニタリ表現

　$\xi \in \mathbb{R}$ に対して, $\chi_\xi(x) = e^{-i\xi x}$ と定めると, $\chi_\xi(x + y) = \chi_\xi(x)\chi_\xi(y)$ を 満たす. すなわち, $\chi_\xi : \mathbb{R} \to U(1)$ はリー群 $\mathbb{R}$ の 1 次元ユニタリ表現である. リー群 $\mathbb{R}$ の 1 次元ユニタリ表現はこれで尽きることを証明しよう.

補題 A2.6.1　写像 $\chi : \mathbb{R} \to U(1)$ が

$$\chi(x + y) = \chi(x)\chi(y) \tag{A2.4}$$

142 | 付録2 群

を満たし,次の (1), (2), (3) のいずれかの条件を満たすならば,ある $\xi \in \mathbb{R}$ が存在して,$\chi = \chi_\xi$ となる. (1) C^1 級である. (2) 連続である. (3) ルベーグ可測である.

証明 (1), (2), (3) それぞれの場合に順次証明する.

(1) (A2.4) で $y = 0$ を代入すると,$\chi(x)(\chi(0)-1) = 0$ となるので,$\chi(0) = 1$ である. (A2.4) を y で微分し $y = 0$ を代入すると,

$$\chi'(x) = \chi(x)\chi'(0)$$

となる. $\xi = i\chi'(0)$ と定めると,定数係数 1 階線形常微分方程式

$$\chi'(x) = -i\xi\chi(x), \quad \chi(0) = 1$$

の解は

$$\chi(x) = e^{-i\xi x} = \chi_\xi(x)$$

に限られる.

(2) 不定積分を

$$f(x) = \int_0^s \chi(s)ds, \tag{A2.5}$$

$$F(x) = \int_0^s f(s)ds$$

と定める. f は C^1 級で,$f' = \chi$ である. ここで $f = 0$ だとすると $\chi = 0$ となり,χ が $U(1)$ に値をもつことに反する. したがって,$f(h) \neq 0$ となる $h \in \mathbb{R}$ が存在する. そのような h を一つ固定する. (A2.4) を y について区間 $[0, h]$ で積分すると,

$$f(x+h) - f(x) = \chi(x)f(h) \tag{A2.6}$$

となる. x の関数として (A2.6) をみると,χ も C^1 級である. したがって (1) に帰着できた.

(3) χ は有界可測なので (A2.5) で定める f は連続関数である. 仮定の (A2.4) はルベーグ測度の意味でほとんど全ての x, y で成立する,と解釈し,(A2.6) もほとんど全ての x, h で成立する,と解釈する. したがって (2) のように一つの h を見つけるだけでは危 うい. (A2.6) を x について区間 $[0, t]$

で積分すると,

$$F(t+h) - F(h) - F(t) + F(0) = f(x)f(h) \qquad (A2.7)$$

となる. f は連続, したがって F は C^1 級で, この辺の両辺は連続関数であるので, 零集合の例外はなく全ての t, h で等式 (A2.7) が成立する. ここで $f = 0$ だとすると, ほとんどいたるところ $\chi = 0$ となり, χ が $U(1)$ に値をもつことに反する. したがって, $f(h) \neq 0$ となる $h \in \mathbb{R}$ が存在する. そのような h を一つ固定して x の関数として (A2.7) をみると, f も C^1 級であることがわかる. したがって (2) に帰着できた. $\quad\square$

系 A2.6.2 (1) $\mathbb{R}$ から $\mathbb{R}$ への連続 $\mathbb{Q}$ 線形写像は 1 次式である.

(2) $\mathbb{R}$ から $\mathbb{R}$ へのルベーグ可測 $\mathbb{Q}$ 線形写像は 1 次式である.

(3) $\mathbb{R}_{>0}$ から $U(1)$ への連続な群準同型はある $\nu \in \mathbb{R}$ を用いて, $\mathbb{R}_{>0} \ni a \mapsto a^{i\nu} = \exp(i\nu \log(a)) \in U(1)$ と書ける.

証明 (1) そのような $\phi : \mathbb{R} \to \mathbb{R}$ に対して, $\chi(x) = \exp(-i\phi(x))$ と定めれば, 補題 A2.6.1 より, ある $\chi \in \mathbb{R}$ を用いて $\chi(x) = \chi_\xi(x)$ となる. $\bar\phi(x) = \phi(x) - \xi x$ と定めると, $\bar\phi : \mathbb{R} \to 2\pi\mathbb{Z}$ は連続 $\mathbb{Q}$ 線形写像であるから零写像である.

(2) そのような $\phi : \mathbb{R} \to \mathbb{R}$ に対して, $\chi(x) = \exp(-i\phi(x))$ と定めれば, 補題 A2.6.1 より, ある $\chi \in \mathbb{R}$ を用いてほとんどいたるところ $\chi(x) = \chi_\xi(x)$ となる. すなわち, $\exp(-i(\phi(x)-\xi x)) = 1$ となる. $\bar\phi(x) = \phi(x) - \xi x$ と定めると, $\bar\phi : \mathbb{R} \to \mathbb{R}$ もルベーグ可測 $\mathbb{Q}$ 線形写像であり, ほとんどいたるところ $2\pi\mathbb{Z}$ に値をもつ. $0 \neq m \in \mathbb{Z}$ に対して, $\bar\phi^{-1}(2\pi m) = 2m\bar\phi^{-1}(\pi)$ であり, $\bar\phi^{-1}(\pi)$ は零集合なので $\bar\phi^{-1}(2\pi m)$ も零集合である. したがって, $\bar\phi^{-1}(\mathbb{Z} \setminus \{0\})$, $\phi^{-1}(\mathbb{R}^\times)$ も零集合となる. つまり, $\bar\phi = 0$ がほとんどいたるところ成り立つ.

(3) そのような $\rho : \mathbb{R}_{>0} \to U(1)$ に対して, $\chi(x) = \rho(e^x)$ と定めると, ある $\nu \in \mathbb{R}$ を用いて, $\chi(x) = \chi_{-\nu}(x) = e^{i\nu x}$ より, $\rho(a) = \chi(\log a) = e^{i\nu \log a}$ となる. $\quad\square$

144 | 付録2 群

A2.7 有限アーベル群の表現

有限アーベル群の表現に関する事項をまとめる. 自然数 N を一つ固定する. 加法群 $\mathbb{Z}/N\mathbb{Z}$ を有限巡回群という. 正確には $\mathbb{Z}/N\mathbb{Z}$ と同型な群を有限巡回群というべきであろうが. この群の表現論は著しい簡明さをもつ.

補題 A2.7.1 (1) $k = 0, 1, \ldots, N-1$ に対して,

$$\chi_k(\bar{x}) = \exp(2\pi\sqrt{-1}kx/N) \quad x \in \mathbb{Z}$$

によって, 写像 $\chi_k : \mathbb{Z}/N\mathbb{Z} \to \mathbb{C}^\times$ を定める. この時, $\chi_k(\bar{x} + \bar{y}) = \chi_k(\bar{x})\chi_k(\bar{y})$ が全ての $\bar{x}, \bar{y} \in \mathbb{Z}/N\mathbb{Z}$ に対して成り立つ.

(2) 逆に, 写像 $\chi : \mathbb{Z}/N\mathbb{Z} \to \mathbb{C}^\times$ が $\chi(x + y) = \chi(x)\chi(y)$ を全ての $x, y \in \mathbb{Z}/N\mathbb{Z}$ に対して満たすとする. この時, ある $k = 0, 1, \ldots, N-1$ が一意に存在して, $\chi = \chi_k$ となる.

証明 (2) のみ示す. 条件式で $y = 0$ とすると, $\chi(0) = 1$ がわかる. $a = \chi(1)$ とする. $a^n = \chi(1)\chi(1)\cdots\chi(1) = \chi(1 + 1 + \cdots + 1) = \chi(N) = \chi(0) = 1$ なので, ある $k = 0, 1, \ldots, N-1$ を用いて, $a = \exp(2\pi\sqrt{-1}/N)$ となる. □

定義 A2.7.2 アーベル群 G に対して, 群準同型 $\chi : G \to \mathbb{C}^\times$ を G の指標という. G の指標全体を $\mathbb{X}(G)$ と書く.

$\mathbb{X}(G)$ にはアーベル群の構造が入る. 積と逆元はそれぞれ $(\chi_1\chi_2)(g) = \chi_1(g)\chi_2(g)$, $\chi^{-1}(g) = (\chi(g))^{-1}$ と定義すればよい. したがって, $\mathbb{X}(G)$ を G の**指標群**と呼ぶ. 例えば, $\mathbb{X}(\mathbb{Z}/N\mathbb{Z}) = \{\chi_k \mid k \in \mathbb{Z}/N\mathbb{Z}\} \cong \mathbb{Z}/N\mathbb{Z}$ という群としての同型がわかる.

一般の有限アーベル群の場合は, 巡回群の場合に帰着される.

補題 A2.7.3 (1) 有限アーベル群は有限巡回群の有限個の直積群と同型である.

(2) $\mathbb{X}(G_1 \times G_2) = \mathbb{X}(G_1) \times \mathbb{X}(G_2)$.

定義 A2.7.4 G を有限アーベル群とする. $C(G)$ を G 上の複素数値関数の全体とする. $f \in C(G)$ に対して, $\hat{f}(\chi) = \frac{1}{|G|} \sum_{g \in G} \overline{\chi(g)} f(g)$ によって,

$\hat{f} \in C(\mathbb{X}(G))$ を定める．写像

$$C(G) \ni f \mapsto \hat{f} \in C(\mathbb{X}(G))$$

を群 G 上のフーリエ変換という．

$C(G)$ の内積を

$$\langle f, h \rangle = \frac{1}{|G|} \sum_{g \in G} f(g)\overline{h(g)}$$

で定める．定義 A.2.7.4 のフーリエ係数は内積で表すことができる．

$$\hat{f}(\chi) = \langle f, \chi \rangle.$$

内積に関して，指標は正規直交基底をなす．

$$\langle \chi, \chi' \rangle = \begin{cases} 1 & \chi = \chi' \\ 0 & \chi \neq \chi' \end{cases}.$$

補題 A2.7.5（展開定理）　$f \in C(G)$ に対して，

$$f = \sum_{\chi \in \mathbb{X}(G)} \hat{f}(\chi)\chi.$$

この定理は値の範囲が $\mathbb{C}$ ではなくてどんな複素線形空間 V でも同様に成り立つ．すなわち，写像 $f : G \to V$ に対して，$\hat{f} : \mathbb{X}(G) \to V$ を $\hat{f}(\chi) = \frac{1}{|G|} \sum_{g \in G} \overline{\chi(g)} f(g)$ と定めると，$f(g) = \sum_{\chi \in \mathbb{X}(G)} \hat{f}(\chi)\chi(g)$ が全ての $g \in G$ に対して成り立つ．これは $C(G; V) = C(G) \otimes V$ と考えても理解できる．

周期が小さければ小さいものだけで展開できる．周期が小さくない振動は展開係数が 0 になる．これらを群論的に言い換えよう．

補題 A2.7.6　$h \in G$ に対して，$f_h(g) = f(gh)$ と定めると $\hat{f}_h(\chi) = \chi(h)\hat{f}(\chi)$ が成り立つ．

証明　$\hat{f}(\chi) = \frac{1}{|G|} \sum_{g \in G} \overline{\chi(g)} f(g) = \frac{1}{|G|} \sum_{gh \in G} \overline{\chi(gh)} f(gh)$

$= \frac{1}{|G|} \sum_{gh \in G} \overline{\chi(g)\chi(h)} f_h(g) = \overline{\chi(h)}\hat{f}_h(\chi).$　□

146 | 付録 2 群

命題 A2.7.7 $H \subset G$ を部分群とする. $f(gh) = f(g)$ が全ての $g \in G$ と $h \in H$ に対して成り立つ時に $f \in C(G)$ は H–周期的であると呼ぶ. この時, $\hat{f}(\chi) \neq 0$ であれば, 全ての $h \in H$ に対して, $\chi(h) = 1$ が成り立つ.

証明 上の補題を使う. もし $f = f_h$ かつ $\hat{f}(\chi) \neq 0$ であれば, $\chi(h) = 1$ となる. $\square$

記号を準備しよう. H–周期的な元の全体を $C(G)^H$ と書く. アーベル群の部分群は正規部分群なので G/H は群になる. $C(G)^H = C(G/H)$ という自然な同一視が可能である. また,

$$\mathbb{X}(G/H) = \{\chi \in \mathbb{X}(G) \mid \chi(h) = 1, \forall h \in H\} \subset \mathbb{X}(G)$$

という同一視によって, $C(\mathbb{X}(G/H)) = \{f \in C(\mathbb{X}(G)) \mid \mathrm{supp}(f) \subset \mathbb{X}(G/H)\}$ と考えることができる. ただし, 関数 $f : X \to V$ の台を

$$\mathrm{supp}(f) = \{x \in X \mid f(x) \neq 0\}$$

で定めた. 上の補題はフーリエ変換と剰余群への写像の可換性を述べていることになる.

$$
\begin{array}{ccc}
C(G) & \to & C(\mathbb{X}(G)) \\
\cup & & \cup \\
C(G)^H & \to & \{f \in C(\mathbb{X}(G)) \mid \mathrm{supp}(f) \subset \mathbb{X}(G/H)\} \\
\| & & \| \\
C(G/H) & \to & C(\mathbb{X}(G/H))
\end{array}
$$

横向きの矢印は 1 行目は G のフーリエ変換, 2 行目はその制限で, 3 行目は G/H のフーリエ変換である. この図式は G のフーリエ変換と G/H のフーリエ変換の可換性を示しているとも読める. このように元の関数 $f \in C(G)$ がどのような不変性をもっているかをフーリエ変換の像 $\hat{f}$ の台の情報から読みとることができるのである.

付録3 | 双線形形式・多項式

A3.1 距離からの内積の復元

内積のもつ次の性質:

$$\langle \mathbf{u} + \mathbf{u}', \mathbf{v} \rangle = \langle \mathbf{u}, \mathbf{v} \rangle + \langle \mathbf{u}', \mathbf{v} \rangle, \tag{A3.1}$$

$$\langle c\mathbf{u}, \mathbf{v} \rangle = c\langle \mathbf{u}, \mathbf{v} \rangle, \tag{A3.2}$$

$$\langle \mathbf{u}, \mathbf{v} + \mathbf{v}' \rangle = \langle \mathbf{u}, \mathbf{v} \rangle + \langle \mathbf{u}, \mathbf{v}' \rangle, \tag{A3.3}$$

$$\langle \mathbf{u}, c\mathbf{v} \rangle = c\langle \mathbf{u}, \mathbf{v} \rangle \tag{A3.4}$$

を双線形性と呼ぶのであった. また, 次の性質を対称性と呼ぶ.

$$\langle \mathbf{v}, \mathbf{u} \rangle = \langle \mathbf{u}, \mathbf{v} \rangle. \tag{A3.5}$$

内積とは, 双線形性, 対称性, 正値性の三つの性質をもつものと定義されていた. これらを使って計算する. まず双線形性のうちの加法性 (A3.1), (A3.3) を使うと,

$$\langle \mathbf{u} + \mathbf{v}, \mathbf{u} + \mathbf{v} \rangle = \langle \mathbf{u}, \mathbf{u} \rangle + \langle \mathbf{u}, \mathbf{v} \rangle + \langle \mathbf{v}, \mathbf{u} \rangle + \langle \mathbf{v}, \mathbf{v} \rangle. \tag{A3.6}$$

したがって,

$$\begin{aligned}\langle \mathbf{u}, \mathbf{v} \rangle + \langle \mathbf{v}, \mathbf{u} \rangle &= \langle \mathbf{u} + \mathbf{v}, \mathbf{u} + \mathbf{v} \rangle - \langle \mathbf{u}, \mathbf{u} \rangle - \langle \mathbf{v}, \mathbf{v} \rangle \\ &= \|\mathbf{u} + \mathbf{v}\|^2 - \|\mathbf{u}\|^2 - \|\mathbf{v}\|^2. \end{aligned} \tag{A3.7}$$

さらに対称性 (A3.5) を使うと,

$$2\langle \mathbf{u}, \mathbf{v} \rangle = \|\mathbf{u} + \mathbf{v}\|^2 - \|\mathbf{u}\|^2 - \|\mathbf{v}\|^2. \tag{A3.8}$$

これで, 長さのみを使って内積を表すという目的を達成した. 一般には 2 次形

148 | 付録 3 双線形形式・多項式

式（quadratic form）と双一次形式（bilinear form）を同一視するこの方法は偏極（多重線形化）の典型的な例である．また，この式の $\mathbf{v}$ に $-\mathbf{v}$ を代入して整理すると，

$$2\langle \mathbf{u}, \mathbf{v} \rangle = -\|\mathbf{u} - \mathbf{v}\|^2 + \|\mathbf{u}\|^2 + \|\mathbf{v}\|^2 \tag{A3.9}$$

が得られる．この式も有用であり，後でよく使われる．なお，この (A3.9) は，第 2 余弦定理に他ならない．次節では複素線形空間の場合のエルミート内積を長さから復元する方法を紹介する．

A3.2 長さからのエルミート内積の復元

実線形空間で行った A3.1 節の内容を複素線形空間に拡張する時には，どのような変更が必要なのかをまとめておく．$\langle \cdot, \cdot \rangle$ を $\mathbb{C}^n$ のエルミート内積（定義 4.1.1）とする．ベクトルの長さが内積を使って $\|\mathbf{u}\| = \sqrt{\langle \mathbf{u}, \mathbf{u} \rangle}$ と書けることは $\mathbb{R}^n$ の時と同じである．ここでは内積が長さを使ってどのように書けるかを問題とする．まず，加法性を使って，すなわち

$$\langle \mathbf{u}, \mathbf{v} \rangle + \langle \mathbf{v}, \mathbf{u} \rangle = \|\mathbf{u} + \mathbf{v}\|^2 - \|\mathbf{u}\|^2 - \|\mathbf{v}\|^2 \tag{A3.7}$$

と書けるところまでは同じである．ここで，実の時は (A3.5) を用いたが，複素線形空間の時は，内積の対称性は

$$\langle \mathbf{v}, \mathbf{u} \rangle = \overline{\langle \mathbf{u}, \mathbf{v} \rangle} \tag{A3.10}$$

と変更されるので注意が必要である．したがって，(A3.7) は，

$$2\operatorname{Re}\langle \mathbf{u}, \mathbf{v} \rangle = \|\mathbf{u} + \mathbf{v}\|^2 - \|\mathbf{u}\|^2 - \|\mathbf{v}\|^2 \tag{A3.11}$$

となる．これで内積の実部はわかったが，虚部を得るにはどうしたらいいだろうか？ これは，$\mathbf{v}$ に $i\mathbf{v}$ を代入するというトリックを使う．この時，$\langle \mathbf{u}, i\mathbf{v} \rangle = -i\langle \mathbf{u}, \mathbf{v} \rangle$ なので，$\operatorname{Re}\langle \mathbf{u}, i\mathbf{v} \rangle = \operatorname{Im}\langle \mathbf{u}, \mathbf{v} \rangle$ となることが虚部が得られるポイントである．したがって，

$$2\operatorname{Im}\langle \mathbf{u}, \mathbf{v} \rangle = 2\operatorname{Re}\langle \mathbf{u}, i\mathbf{v} \rangle = \|\mathbf{u} + i\mathbf{v}\|^2 - \|\mathbf{u}\|^2 - \|\mathbf{v}\|^2 \tag{A3.12}$$

となる．なお，$\|i\mathbf{v}\| = \|\mathbf{v}\|$ であることも用いている．得られた (A3.7), (A3.11),

(A3.12) をまとめて，

$$2\langle \mathbf{u}, \mathbf{v} \rangle = \|\mathbf{u} + \mathbf{v}\|^2 + i \|\mathbf{u} + i\mathbf{v}\|^2 - (1 + i)(\|\mathbf{u}\|^2 + \|\mathbf{v}\|^2) \qquad \text{(A3.13)}$$

が得られる．これが複素エルミート内積を長さで表す式である．なお，(A3.13)
の右辺が与えられたら，それを内積の線形性を使って展開すると左辺が得られ
ることは容易に確認できる．ここでは右辺の式の形をどのように導出するのか
を説明し，公式を記憶していなくても導き出すことができることを示した．

A3.3 $SL(2, \mathbb{R})$ が多様体であることの説明

多様体の定義にあたることを $SL(2, \mathbb{R})$ の場合において説明する．$M_2(\mathbb{R})$ の
四つの部分集合を次のように定義する．$g = \begin{pmatrix} a & b \\ c & d \end{pmatrix}$ と書いた時に，

$$\begin{aligned}
U_1 &= \{g \in M(2, \mathbb{R}) \mid a \neq 0\}, \\
U_2 &= \{g \in M(2, \mathbb{R}) \mid b \neq 0\}, \\
U_3 &= \{g \in M(2, \mathbb{R}) \mid c \neq 0\}, \\
U_4 &= \{g \in M(2, \mathbb{R}) \mid d \neq 0\}
\end{aligned}$$

と定義すると，各 U_i は $M_2(\mathbb{R})$ の開集合である．$V_i = U_i \cap SL(2, \mathbb{R})$ と定義する
と，各 V_i は $SL(2, \mathbb{R})$ の開集合である．また，$U_1 \cup U_2 \cup U_3 \cup U_4 = M_2(\mathbb{R}) \setminus \{O\}$
なので，$V_1 \cup V_2 \cup V_3 \cup V_4 = SL(2, \mathbb{R})$ である．すなわち，四つの開集合
$\{V_1, V_2, V_3, V_4\}$ で $SL(2, \mathbb{R})$ は覆われている．このことを，$\{V_1, V_2, V_3, V_4\}$ は
$SL(2, \mathbb{R})$ の**開被覆**であるともいう．

$SL(2, \mathbb{R})$ の元は，条件 $ad - bc = 1$ で定められているが，V_1 上では
$d = (1 + bc)/a$ と解くことができる．すなわち，

$$\{(a, b, c) \in \mathbb{R}^3 \mid a \neq 0\} \ni (a, b, c) \mapsto \begin{pmatrix} a & b \\ c & (1 + bc)/a \end{pmatrix} \in V_1$$

は全単射である．これによって V_1 は $\mathbb{R}^3$ の開集合と全単射に対応している．こ
の座標 (a, b, c) を用いて，微分積分などを展開することができる．

二つの開集合 V_1, V_2 の交わりでは，2種類の座標をとることができる．その

150 | 付録3 双線形形式・多項式

2種類の座標の間の座標変換は,

$$(a_1, b_1, c_1) \mapsto \begin{pmatrix} a_1 & b_1 \\ c_1 & (1+b_1 c_1)/a_1 \end{pmatrix} = \begin{pmatrix} a_2 & b_2 \\ (a_2 d_2 - 1)/b_2 & d_2 \end{pmatrix} \mapsto (a_2, b_2, d_2)$$

で与えられる. 具体的には

$$a_1 = a_2,\ b_1 = b_2,\ c_1 = (a_2 d_2 - 1)/b_2$$

で与えられる. ここに出てくる有理式は

$$\{(a_1, b_1, c_1) \in \mathbb{R}^3 \mid a_1 b_1 \neq 0\} \to \{(a_2, b_2, d_2) \in \mathbb{R}^3 \mid a_2 b_2 \neq 0\}$$

という全単射を与えている. この全単射が微分可能写像であることから微分可能多様体の構造が入る. すなわち, (a_1, b_1, c_1) と (a_2, b_2, d_2) のどちらを用いて微分可能性を定義しても同値になる. 多様体の上の種々の局所的な概念はこのように開部分集合を用いて定義され, 2枚の開部分集合の共通部分ではどちらの開集合を用いても定義が一致することを確認するという手順が通例である.

A3.4 中国式剰余定理

定理 A3.4.1 $p(x), q(x) \in \mathbb{C}[x]$ を互いに素な多項式とする. この時, $g(x)p(x) + h(x)q(x) = 1$ を満たすような多項式 $g(x), h(x) \in \mathbb{C}[x]$ が存在する.

この定理はユークリッドの互除法を用いて示すことが多い. また, $p(x), q(x)$ の生成する $\mathbb{C}[x]$ のイデアルが $\mathbb{C}[x]$ 全体になることと関連づけることもある. また, 部分分数分解

$$\frac{1}{p(x)q(x)} = \frac{g(x)}{q(x)} + \frac{h(x)}{p(x)}$$

ができることと関連づけることもある. 与えられる二つの多項式のうちの一方が単項式の場合には [10] 問題 B3.3.5 に構成的な証明が与えられているのでそれをアレンジして紹介する.

定理 A3.4.2 多項式 $p(x) \in \mathbb{C}[x]$ は $p(0) \neq 0$ を満たすとする. 自然数 n に対して,

$$\tilde{p}(x) = p(x)/p(0),$$
$$f(x) = 1 - (1 - \tilde{p}(x))^n,$$

と $\tilde{p}(x), f(x) \in \mathbb{C}[x]$ を定める．この時，次の性質が成り立つ．

(1) $\tilde{p}(x)$ は $p(x)$ で割り切れる．$\tilde{p}(x) - 1$ は x で割り切れる．したがって $\bar{p}(x) = (\tilde{p}(x) - 1)/x$ も多項式である．

(2) $f(x)$ は $p(x)$ で割り切れる．

(3) $f(x) - 1$ は x^n で割り切れる．

(4)
$$g(x) = -\frac{x}{p(0)} \sum_{k=1}^{n} \binom{n}{k} (-x\tilde{p}(x))^{k-1},$$
$$h(x) = (-\bar{p}(x))^n$$

と定めると，$g(x)p(x) + x^n h(x) = 1$ となる．

証明　(2) は 2 項展開で
$$f(x) = -x\tilde{p}(x) \sum_{k=1}^{n} \binom{n}{k} (-x\tilde{p}(x))^{k-1} \tag{A3.14}$$
が得られるので (1) から従う．次に，$1 - \tilde{p}(x) = -x\bar{p}(x)$ であることから，
$$f(x) - 1 = (-1)^{n+1} x^n \bar{p}(x)^n \tag{A3.15}$$
となり，(3) が得られる．(4) は (A3.14), (A3.15) から従う．　□

A3.5　リー環の定義

　リー群から定まるリー環以外に，抽象的にリー環を定義することができる．理論をすっきりと理解するにはリー群から切り離して定義する方がよいし，種々の操作の意味を理解するにはリー群とのつながりがある方がよい．それぞれの良い点を活かして理解するのがよい．

定義 A3.5.1　線形空間 $\mathfrak{g}$ とその上の演算 $[\cdot, \cdot] : \mathfrak{g} \times \mathfrak{g} \to \mathfrak{g}$ が次の 3 条件を満たす時に，組 $(\mathfrak{g}, [\cdot, \cdot])$ をリー環と呼ぶ．

152 | 付録 3 双線形形式・多項式

- 双線形性：$[a_1 + a_2, b] = [a_1, b] + [a_2, b]$, $[\lambda a, b] = \lambda[a, b]$,
$$[a, b_1 + b_2] = [a, b_1] + [a, b_2], \quad [a, \lambda] = \lambda[a, b].$$
- 交代性：$[b, a] = -[a, b]$.
- ヤコビ恒等式：$[a, [b, c]] + [b, [c, a]] + [c, [a, b]] = 0$.

実数体や複素数体のように標数が 0 の体では，双線形性の下では交代性と $[a, a] = 0$ は同値である.

寄り道 A3.5.2（ヤコビ恒等式）　ヤコビ恒等式はヤコビ律ともいう．結合代数では見かけない変わった公理であるので説明を加える．ヤコビ恒等式の左辺を $K(a, b, c)$ と定義すると，定義から三つの添字に対して巡回対称的 $K(a, b, c) = K(b, c, a) = K(c, a, b)$ である．さらに交代性を用いると $K(b, a, c) = K(a, c, b) = K(c, b, a) = -K(a, b, c)$ となる．すなわち，$K : \mathfrak{g}^3 \to \mathfrak{g}$ は，商空間からの写像 $\wedge^3 \mathfrak{g} \to \mathfrak{g}$ を誘導する．ヤコビ恒等式はそれが 0 であることを要請している．また，ヤコビ恒等式で交代性を用いることで，$[[a, b], c] = [a, [b, c]] - [b, [a, c]]$ のように c を特別視して書くこともできる（補題 2.3.2）．これは随伴表現が名前の通りに表現であることと同値である．あるいは，$[a, [b, c]] = [b, [a, c]] + [[a, b], c]$ と書くと，$D := \mathrm{ad}(a)$ が $D[b, c] = [b, Dc] + [Db, c]$ と書くこともできて，derivation（導分）としての解釈もあり得る．特に，一つの元 $h \in \mathfrak{g}$ を固定して，複素数 λ に対して，$\mathfrak{g}(\lambda) = \{x \in \mathfrak{g} \mid [h, x] = \lambda x\}$ と定義すると，ヤコビ恒等式 $[h, [b, c]] = [b, [h, c]] + [[h, b], c]$ から，$b \in \mathfrak{g}(\lambda), c \in \mathfrak{g}(\mu)$ ならば，$[b, c] \in \mathfrak{g}(\lambda + \mu)$ が導かれる．これは次数つきリー環への端緒となる.

例 A3.5.3　A を結合則を満たす代数（環であり線形空間であるもの）とする．この時，$[a, b] = ab - ba$ と定めるとリー環になる.

すなわち，結合的な代数はこのようにして常にリー環になる．逆にリー環が必ず結合的な代数になるかは一般には正しくない.

定義 A3.5.4　A を結合的な代数とし，それに上の演算でリー括弧積を入れたものを考える.

(1) 部分線形空間 $\mathfrak{g} \subset A$ がリー環になる時，A を $\mathfrak{g}$ の**包絡代数**と呼ぶ.

(2) $\mathfrak{g}$ の包絡代数のうち普遍性をもつものを**普遍包絡環**と呼ぶ. ここで包絡代数 A が普遍性をもつとは, 任意の包絡代数 A' に対して, 代数準同型 $A \to A'$ が存在することである.

寄り道 A3.5.5 言い換えると, 包絡代数は常に普遍包絡環を経由する, という意味で, 親玉的な存在である. 気持ちとしては, $\mathfrak{g}$ から生成される以外の余分なものを入れていない, $\mathfrak{g}$ が満たす関係式以外の余計な関係式を課していない, という二つの性質を表している.

補題 A3.5.6 普遍包絡環が存在し, 同型を除いて一意である.

寄り道 A3.5.7（普遍性） この本では普遍包絡環, 普遍被覆群で普遍という用語が現れ, また, テンソル積が普遍性をもつという性質が論じられている. この**普遍**という用語は, 感覚的にいえば, 他のものを支配するほど偉いという感覚である. このニュアンスをできる限り説明してみよう.

普遍包絡環では

$$\mathfrak{g} \to U(\mathfrak{g}) \to A,$$

テンソル積では

$$V \times W \to V \otimes W \to U,$$

普遍被覆群では

$$\widetilde{SL}(2, \mathbb{R}) \to H \to SL(2, \mathbb{R})$$

という関係にある. いずれも, ある着目する性質をもつ一般の写像が, 必ず, ある特別な対象を経由するという性質をもつので, それを普遍性と呼んでいるのである. 写像の性質はそれぞれまちまちだが, 普遍性をもつ対象もその性質を当然満たしているので, 普遍性をもつ対象がもつ性質を取り出した自然なものである. 普遍性で存在することが保証されていることと, 具体的に構成することとは相補的な関係にあり, 普遍包絡環やテンソル積のように具体的な構成もある場合には強力で便利な議論がさまざまに展開できる. この本でも随所でそれをみている.

154　付録 3　双線形形式・多項式

A3.6　普遍包絡環の中心の記述

　普遍包絡環の中心がカシミール元で生成されることの証明を与えよう．その前に，より一般の設定で考える．

補題 A3.6.1　$U(\mathfrak{sl}_2)$ の二つの元 e^+e^- と h は可換であり，その二つの元の多項式も h と可換である．

補題 A3.6.2　非負整数 i に対して，2 変数多項式 $f_i(x,y)$ を，$f_0(x,y) = 1, f_1(x,y) = x, f_{i+1}(x,y) = x f_i(x+y-2, y-2)$ と定める．この時，$U(\mathfrak{sl}_2)$ の元として $(e^+)^i(e^-)^i = f_i(e^+e^-, h)$ である．

証明　$i = 0, 1$ の時は定義そのものである．$i \geq 1$ の時に $(e^+)^i(e^-)^i = f_i(e^+e^-, h)$ と書けていたとすると，$(e^+)^{i+1}(e^-)^{i+1} = e^+ f_i(e^+e^-, h)e^- = e^+ f_i(e^-e^+ + h, h)e^- = e^+e^- f_i(e^+e^- + h - 2, h - 2)$ と計算できるので，$i+1$ の時も成立する．　□

補題 A3.6.3　h と可換な $U(\mathfrak{sl}_2)$ の元はこの二つの元 e^+e^- と h の多項式として表せる．

証明　$U(\mathfrak{sl}_2)$ の元は $(e^+)^i(e^-)^j h^k$ の形の元の線形結合である．補題 2.2.4(5) より $[h, (e^+)^i(e^-)^j h^k] = 2(i-j)(e^+)^i(e^-)^j h^k$ であることから，h の固有値が $2i - 2j$ なので線形独立性から，$i = j$ を得る．さらに $(e^+)^i(e^-)^i$ は $(e^+e^-)^j h^k$ の線形結合で書けることを上の補題で示した．　□

　例えば，カシミール元 $C = 4e^+e^- + h(h-2)$ と書けている．この表示より，

系 A3.6.4　h と可換な $U(\mathfrak{sl}_2)$ の元は h と C の多項式として表せる．

定理 A3.6.5　h, e^+ と可換な $U(\mathfrak{sl}_2)$ の元は C の多項式である．

証明　2 変数多項式 $f = f(x,y)$ が存在して，そのような元は $f(C, h)$ と書くことができる．一般に $f(C, h)e^+ = e^+ f(C, h+2)$ が成り立つから e^+ と可換であると仮定すると，f は h に依存しない．したがって，C の多項式で書けた．　□

文　　献

[1] 新井仁之，新・フーリエ解析と関数解析学，培風館(2010).

[2] 池田岳，テンソル積と表現論—線型代数続論，東大出版会(2022).

[3] 井ノ口順一，はじめて学ぶリー群—線型代数から始めよう，現代数学社(2017).

[4] 井ノ口順一，はじめて学ぶリー環—線型代数から始めよう，現代数学社(2018).

[5] 太田琢也，西山享，代数群と軌道，数学の杜 3，数学書房(2015).

[6] 岡本清郷，等質空間上の解析学—リー群論的方法による序説，紀伊國屋数学叢書 19，紀伊國屋書店(1980).

[7] 織田孝幸，Selberg Trace Formula 入門 (暫定版)，(1990)，オンラインで入手可能.

[8] 金子晃，超函数入門上，UP 応用数学選書 1，東大出版会(1980).

[9] 小林俊行，大島利雄，リー群と表現論，岩波書店(2005).

[10] 斎藤毅，線形代数の世界—抽象数学の入り口，大学数学の入門 7，東京大学出版会(2007).

[11] 佐武一郎，線形代数学，数学選書 1 数学の基礎的諸分野への現代的入門，裳華房(1958).

[12] 示野信一，演習形式で学ぶリー群・リー環，SGC ライブラリ 88，サイエンス社(2012).

[13] 杉浦光夫，ユニタリ表現入門，東京図書(2018).

[14] 髙橋礼二，線形代数講義—現代数学への誘い，日本評論社(2014).

[15] 長谷川浩司，線型代数，日本評論社(2004).

[16] 林正人，量子論のための表現論，共立出版(2014).

[17] 平井武，リー群のユニタリ表現論，共立講座 数学の輝き 14，共立出版(2022).

[18] 平井武，線形代数と群の表現 II，すうがくぶっくす 21，朝倉書店(2001).

[19] 堀田良之，Springer 対応と Harish–Chandra 方程式，数学 **37** (1985)，193–207.

[20] 堀田良之，線型代数群の基礎，朝倉数学大系 12，朝倉書店(2016).

[21] 松本久義，Enveloping algebra 入門，東京大学数理科学セミナリーノート 11 (1995).

[22] 南和彦，線形代数講義，裳華房(2020).

[23] 雪江明彦，線形代数学概説，培風館(2006).

[24] K. Anjyo, H. Ochiai, *Mathematical basics of motion and deformation in computer graphics*, Morgan and Claypool Publishers (2014).

[25] P. エティンゴフほか(著)，西山享(訳)，表現論入門—群・代数・箙と圏の表現，丸善出版 (2023).

[26] W. フルトン，J. ハリス(著)，木本一史(訳)，フルトン–ハリス 表現論入門 上，丸善出版 (2023).

[27] R. Hotta, M. Kashiwara, The invariant holonomic system on a semisimple Lie algebra. *Invent. Math.*, **75** (1984), 327–358.

[28] W. Hoffmann, An invariant trace formula for the universal covering group of $SL(2, \mathbb{R})$. *Ann. Glob. Anal. Geom.*, **12** (1994), 19–63.

[29] R. Howe, E. C. Tan, *Non-abelian harmonic analysis: Applications of $SL(2, \mathbb{R})$*, Universitext, Springer (1992).

[30] A. W. Knapp, *Representation theory of semisimple groups: An overview based on examples*, Princeton University Press (1986).

[31] S. Lang, $SL_2(\mathbb{R})$, Springer (1985).

[32] D. Vogan, Book review of [29], *Bull. Amer. Math. Soc.*, **28**(1) (1993), 176–182.

[33] N. R. Wallach, *Real reductive groups*, Academic Press (1988, 1992).

あとがき：本を書き終えて

この本の企画の段階で意識したのは [29] の試みである．すなわち，$SL(2, \mathbb{R})$ の既約ユニタリ表現が異なった系列からなるという，フーリエ解析からもコンパクト群の表現論や簡約代数群の有限次元表現からも逸脱した現象を，いかにコンパクトかつ印象的に紹介できるか思案した．何度かの講義の機会に試したものの結実がこの本である．講義は，前半に準備を行ってから後半で本題を話すという通常の数学の講義での順序ではなく，鍵となる定理を紹介しながらその証明や計算にはどのような道具が必要になるかに応じて概念や性質を論ずるという「泥縄式」順序で行った．この本でもそれを反映しており，配列がおかしいと思われるところもあるが，そのままにしてある．また，一直線に $SL(2, \mathbb{R})$ に向かうのではなく，$SL(2, \mathbb{R})$ には必要ないものの紹介した技術が活かせる例を説明できる場合には寄り道もした（例えば A1.4 節）．さらに「寄り道」では，記号や概念の気持ちに対して非公式な補足を加えた．多くは私自身が学習の過程で迷ったり困ったりした経験の記録である．

この本には入門書であれば盛り込んでもよい事項が多く欠落している．例えば，コンパクト群やコンパクト群の表現論には優れた書籍が多数ある．リー環の入門書やルート系と半単純リー環を解説した本も私が付け加えるべきことは特に見当たらない．リー群と代数群の違いを意識した記述をところどころで行ったものの，代数群の表現論，特に簡約代数群の有限次元の表現論も本書の対象外である．さらに，階数が 2 以上のリー群にも面白い話題は豊富だが，それを $SL(2, \mathbb{R})$ の本の中に入れると焦点がぼけるため，それらも書いていない．非コンパクト半単純リー群のユニタリ表現を含んだ進んだ広汎な内容は [9],[17],[30] に進むことができる．

$SL(2, \mathbb{R})$ に関する本格的な入門書には既に [6],[13],[31] などがある．この本で述べなかった関数空間への実現や積分公式などはそれらを参照できる．[12] は一見ハンディにみえて，実は多様体の定義（p.97），位相，弧状連結性，商空間などもしっかりと扱われていて，本格的である．四元数 (2.7) なども登場してい

る．本書でもほのめかした偶然的同型への言及は随所にある．ただし $SL(2,\mathbb{R})$ や運動群は対象外である．本書の構成の段階でこの本は意識した．そして，原稿を書き始めてしばらく経ってから [17] が出版された．$SL(2,\mathbb{R})$ と局所同型な $SO_0(1,2)$ を含むローレンツ群に関する優れた解説があり，さらに日本語の本では珍しく大域指標がメインテーマとして取り扱われていて，書きかけの原稿をそのまま捨てようと思ったが，思い直して今日に至る．

　第 5 章の直後に盛り込まれる発展的話題としては，指標の跡公式への応用 [7],[28] や指標のホモロジー群を用いた記述 [27] も挙げられる．表現論の一つの傾向として，ある特徴をもったもの全体を分類しようとする問題意識がある．例えば，既約ユニタリ表現の全体，軌道の全体などである．分類そのものが難しく興味をもたれる場合もあるし，分類したそれぞれを質的に異なるいくつかの族（系列）に分けて，それぞれの意味や関係を調べる研究も盛んに行われている．すなわち，分類は研究の最終目標ではなく，有意義な第 1 段階であるともいえる．

　この本では指標公式までを記述したが，それはこの先，跡公式やプランシェレル公式へと繋がっていく．[13] や [31] といった専門書へ進んでいくのも一つの発展形である．また，群を $SL(2,\mathbb{R})$ からもっと次元や階数の高い群へと進んでいくこともあり得る．[30] や [33] がその先の道筋の一つである．指標の代数解析的な取り扱いは [27] の原論文やその解説記事 [19] が，言葉遣いはやや難しいものの依然として色褪せない．最後に，特殊関数としては階数の高く非コンパクトな場合の研究はほとんど進んでいない．将来の課題である．

　この本は朝倉書店編集部の継続的な励ましによってつくられたものである．深く感謝します．

索　引

欧　字

compatible 107

G 共変 12
G 空間 9
G 同変写像 9

h–半単純 47
h–容認 47

LU 分解 8

ReLU 関数 95

sinc 関数 126
$\mathfrak{sl}_2$ 関係式 34

TDS (three dimensional subalgebra) 34

あ　行

アーベル群 134

一般固有空間 46
一般固有ベクトル 46
　般線形群 28
岩澤部分群 2
岩澤分解 7

ウエイト 47
ウエイト加群 45, 47

エルミート内積 67, 148

か　行

外延的記法 120
開被覆 149
可換群 134
カシミール元 39
括弧積 33
可約表現 42
カルタン対合 138
完全可約 42
完全正規直交系 100
緩増加 90
完備内積空間 99
ガンマ関数 84
簡約 29

擬単純 49
軌道 9
基本的アフィン空間 78
既約表現 42
共役 136
共役作用 9
共役類 11
局所同型 30
局所同型写像 30
極大コンパクト部分群 2
キリング形式 38

偶然的同型 138
群 134
　　——の中心 4, 136
群準同型 135
群同型 139
群同型写像 135

結合代数　3
結合多元環　40
ケーリー変換　27

広義固有ベクトル　46
固定部分群　10
古典群　13
固有空間　46
固有ベクトル　45
コンパクト　138
コンパクト双対　28

さ 行

最高ウエイト表現　62
最低ウエイト表現　62
作用　9
三角分解　8
3 次元回転行列　121

自己同型　139
指数写像　6, 24
実形　28
指標　103
指標群　144
射影特殊線形群　30
写像　67
シューアの補題　49
主系列表現　70, 77
上昇冪　54
商表現　42
シンプレクティック群　138

推移的　10
随伴軌道　9
随伴表現　37

正規部分群　136

双曲型　21
相似変換群　125
双線形性　147
測度　95

た 行

第 1 種標準座標系　7
大域指標　103
対称性　113, 147
対称部分群　138
楕円型　14, 21
多様体　1, 149
単純　29

中国式剰余定理　150
中心　4, 136
中心化環　3
中心化群　137
超関数　94
超関数指標　103
超双曲超曲面　13
直既約　42
直積群　8, 135
直積集合　8

展開定理　145
テンソル積　34

同型　135
等質空間　10, 136
特異値分解　130
特殊関数　124
特殊線形群　1
特殊ユニタリ群　26
特性関数　95
トレース　12

な 行

内積　147
内部自己同型　9
内包的記法　120

2 次形式　147
二重数　22

は 行

ハーディ空間　85
貼り合わせ公式　117
半線形形式　67
半単純　29
半直積　140
半直積群　7, 140

ピエリ公式　104
微分表現　44
標準表現　54
ヒルベルト空間　77, 99

ファイバー　12
複素化　26
不定値直交群　15
不定値ユニタリ群　26
フビニの定理　90
部分群　2, 134
部分表現　42
　　自明な――　42
普遍　153
不変固有超関数　97
普遍性　34
不変測度　91
不変な関数　12
普遍被覆群　30
不変部分空間　42
普遍包絡環　34, 153
　　――の中心　154
分裂トーラス　2

平行移動原理　103
冪単　5
冪零　4, 5
冪零行列　5
ベータ関数　84

包合的自己同型　138
放物型　21
放物型部分群　5
包絡代数　152
補系列表現　70, 72
ポホハマ記号　54

ま 行

無限小指標　103

メタプレクティック群　30

や 行

約束　122
ヤコビ恒等式　152

有限アーベル群　144
有限次元既約表現　19
有限巡回群　144
ユニタリ主系列表現　72
ユニタリ表現　68

ら 行

ラングランズ分解　7

リー括弧積　33
リー環　22, 23, 32, 151
　　――の表現　41
リー群　1, 22, 31, 131
　　――の 1 次元ユニタリ表現　141
離散系列表現　114
　　――の極限　86
両側イデアル　36

ロトリゲスの公式　126

著者略歴

落合啓之
<small>おち あい ひろ ゆき</small>

1965 年　埼玉県に生まれる
1989 年　東京大学大学院理学系研究科数学専攻修士課程修了
現　　在　九州大学マス・フォア・インダストリ研究所教授
　　　　　博士（数理科学）

朝倉数学ライブラリー
SL(2,R) の表現論
定価はカバーに表示

2024 年 11 月 1 日　初版第 1 刷

著　者　落　合　啓　之

発行者　朝　倉　誠　造

発行所　株式会社　朝　倉　書　店
　　　　東京都新宿区新小川町 6-29
　　　　郵便番号　１６２-８７０７
　　　　電　話　03（3200）0141
　　　　ＦＡＸ　03（3260）0180
　　　　https://www.asakura.co.jp

〈検印省略〉

©2024 〈無断複写・転載を禁ず〉　　　印刷・製本　藤原印刷

ISBN 978-4-254-11874-2　C 3341　　　Printed in Japan

JCOPY <出版者著作権管理機構　委託出版物>

本書の無断複写は著作権法上での例外を除き禁じられています．複写される場合は，
そのつど事前に，出版者著作権管理機構（電話 03-5244-5088，FAX 03-5244-5089，
e-mail：info@jcopy.or.jp）の許諾を得てください．

朝倉数学ライブラリー　グリーン・タオの定理

関 真一朗 (著)

A5 判／256 頁　978-4-254-11871-1　C3341　定価 4,400 円（本体 4,000 円＋税）

「素数には任意の長さの等差数列が存在する」ことを示したグリーン・タオの定理を少ない前提知識で証明し，その先の展開を解説する．〔内容〕等間隔に並ぶ素数／セメレディの定理／グリーン・タオの定理／ガウス素数星座定理／他

朝倉数学ライブラリー　多様体の収束

本多 正平 (著)

A5 判／212 頁　978-4-254-11872-8　C3341　定価 3,850 円（本体 3,500 円＋税）

特異点を持つ図形の上での幾何学や解析学をどのようにして行うのかを解説する．〔内容〕グロモフ・ハウスドルフ距離／リーマン幾何学速習／比較定理とその剛性／リーマン多様体の極限空間／RCD 空間／測度付きグロモフ・ハウスドルフ収束と関数解析／非崩壊 RCD 空間／球面定理／付録：多様体・バナッハ空間・測度

朝倉数学ライブラリー　最大正則性定理

清水 扇丈 (著)

A5 判／248 頁　978-4-254-11873-5　C3341　定価 4,400 円（本体 4,000 円＋税）

非線形偏微分方程式論において近年大きく発展した最大正則性を丁寧に解説する．〔内容〕最大正則性とは何か／半群／調和解析からの準備／実補間空間とトレース空間／最大 Lp-正則性／放物型方程式の初期値問題／初期値境界値問題／非圧縮性粘性流体の自由境界問題への応用／半線形方程式への応用／最大ローレンツ正則性とその応用

マニン 数学・物理論集 隠喩としての数学

ユーリ・マニン (著)／橋本 義武 (訳)

A5 判／360 頁　978-4-254-11162-0　C3041　定価 5,720 円（本体 5,200 円＋税）

ロシアの数学者ユーリ・マニン（1937-2023）のエッセイ集 Mathematics as Metaphor: Selected Essays of Yuri I. Manin の全訳．数学・物理・計算機科学など幅広いテーマを縦横に語る．〔内容〕数学的知識／隠喩としての数学／真理・厳密性・常識／ゲーデルの定理／職業・天職としての数学／数学と物理学／数論的物理学についての省察／他

幾何学百科 IV 幾何学と物理

大槻 知忠・満渕 俊樹・亀谷 幸生 (著)

A5 判／392 頁　978-4-254-11619-9　C3341　定価 8,030 円（本体 7,300 円＋税）

幾何学と物理の遭遇は双方向的に影響を与えつつ 20 世紀後半にいろいろな方向に展開した．1980 年代以降に注目が集まり目覚ましい進展を続ける，現代幾何学と現代物理学が創設した新しい分野を 3 つ取り上げ，やや独立した 3 つの章として第一人者が紹介．〔内容〕量子不変量／複素微分幾何／ゲージ理論・モノポール方程式とトポロジー

上記価格は 2024 年 9 月現在